旅游故宫

建筑紫禁城

周苏琴 ◎ 著　　故宫出版社

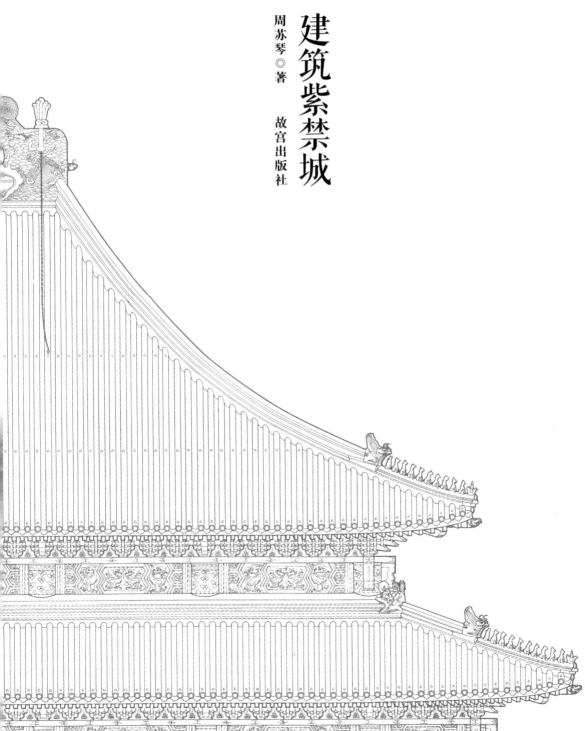

前　言

北京故宫，又称紫禁城，是中国封建社会最后的两个王朝——明、清两代的皇宫。明代第三位皇帝朱棣在继位后的第四年即肇建北京宫殿，永乐十八年（1420年）建成。明清时期，先后有24位皇帝在这里居住，在紫禁城的高墙深宫内，演绎了王朝的统治、盛世的辉煌，最终走向衰亡的历史。清代宣统三年，1911年10月，辛亥革命爆发，隆裕皇太后在无可奈何的哭泣声中，颁布退位诏书，中国封建社会最后一位皇帝，时年仅六岁的溥仪退位，紫禁城收归国有。经历了492年的风风雨雨，紫禁城结束了它作为帝王宫殿的历史。溥仪退位后，本应迁出紫禁城，但按照《清室优待条件》，逊帝溥仪被允许"暂居宫禁"的内廷。1913年，当时的政府决定筹建"古物陈列所"，所址设在紫禁城的外朝，并将热河（承德）行宫和盛京（沈阳）故宫的文物迁移至北京故宫的"外朝"存放。1914年古物陈列所成立，开放外朝，太和、中和、保和、武英、文华等殿都曾作为文物陈列展室。1924年，冯玉祥发动"北京政变"，将溥仪逐出宫禁，遂成立了"清室善后委员会"，清点查验清宫文物。1925年故宫博物院成立，以故宫内廷为院址。1948年古物陈列所并入故宫博物院，实现了故宫完整统一管理。

紫禁城占地78万平方米，有房屋8000余间，建筑雄伟壮观，气势恢宏，是我国现存规模最大、保存最完整的宫殿建筑群。（图1）这座宏伟的宫殿，在明清时期既是帝王统治国家、日理万机的政治

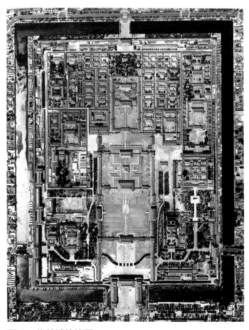

图1　紫禁城航拍图

中心，也是其庞大的家庭成员居住、休息、娱乐以及进行其它许多活动的地方，因此包括有议事听政、接见使臣、发布政令、举行庆典，以及寝宫、藏书、戏台、花园、佛堂，吃、穿、用、行等众多服务功能和设施的建筑物。这座皇宫集中体现了中国宫殿建筑的空间布局、建筑造型、建筑技术及装饰艺术，承载着中华民族几千年古老文化的丰厚积淀。走进紫禁城，它的凝重沉稳、壮丽辉煌，独具魅力的皇家气派，震撼着每一个人的心，给人们留下的是深深的思考和不尽的遐想。

紫禁城是明代创建的中国封建社会最后一座皇家宫殿建筑，它集历代宫殿建筑之大成，是中国古代宫殿建筑的典范。作为世人瞩目的世界珍贵文化遗产，1961年，故宫被国务院列为第一批全国重点文物保护单位。（图2）1987年故宫作为"中国古代皇宫的唯一完整实例以及它的世界遗产价值"，被列入世界文化遗产名录。（图3）

走过了近600年的岁月，紫禁城——这座"彤庭玉砌，璧槛华廊"的宫殿，依然屹立在现代琼楼玉宇的丛林之中，以其和谐、壮丽的本色，与人们共度当代中华盛世。

图2　第一批全国重点文物保护单位标志

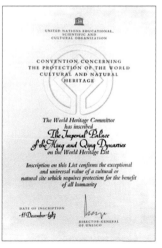

图3　世界文化遗产名录证书

目 录

一、营建始末

明代第一位皇帝明太祖朱元璋在建国之初，曾以汴梁（今河南开封）为北京，以凤阳（今安徽凤阳）为中都，以建康（今江苏南京）为南京，并建都在南京。洪武元年（1368年）八月，大将徐达攻克元大都（今北京），遂改为北平府。

洪武三年（1370年），朱元璋的第四个儿子朱棣被封为燕王。洪武十三年（1380年）三月就藩北平府。洪武三十一年（1398年），太祖病故，因太子朱标早故，遂由22岁的皇太孙朱允炆继位，年号建文。建文帝继位后三个月，即开始对拥有兵权的诸位叔王们采取了"削藩"的政策。在不到一年的时间里，以各种理由削除了周、湘、齐、代、岷5位藩王。燕王朱棣面对大难将临的局面，于是起兵"靖难"。"靖难之役"历经3年，建文四年（1402年），朱棣在南京称帝，改元永乐，改北平为北京。永乐四年下诏营建北京宫殿，并开始为营建工程备料和进行规划，"遣工部尚书宋礼诣四川，吏部右侍郎师逵诣湖广，户部

左侍郎古朴诣江西，右副都御史刘观诣浙江，右佥都御史史仲成诣山西，督军民采木。……命泰宁侯陈珪、北京刑（行）部侍郎张思恭督军民匠造砖瓦。……命工部征天下诸色匠作。在京诸卫及河南、山东、陕西、山西都司，中都留守司，直隶各卫，选军士；河南、山东、陕西、山西等布政司，直隶、凤阳、淮安、扬州、庐州、安庆、徐州、和州选民丁，于明年五月俱赴北京听役"。永乐十五年（1417年）正式动工，永乐十八年（1420年）落成，（图4）前后

图4 紫禁城

历时 14 年。十八年十一月，下诏迁都北京。十九年（1421 年）正式迁都北京，十九年春正月，永乐皇帝御奉天殿受朝贺，大宴群臣。北京开始了作为明代政治统治中心的历史。

朱棣自洪武十三年以燕王赴封国北平至永乐十八年，40 年中，率师北征及靖难之役，一直是以北平府为基地。北京宫殿的建成，为永乐皇帝稳固北部边疆和明朝政权创建了一个理想的都城。名重当时的文渊阁大学士金幼孜、杨荣等皆作赋称颂，金幼孜《皇都大一统赋》称其："萃四海之良材，伐南山之巨石"，"以相以度，以构宫室。栋宇崇崇，檐楹秩秩。""超凌氛埃，壮观宇宙。规模恢廓，次第毕就。奉天屹乎其前，谨身俨乎其后。惟华盖之在中，竦摩空之伟构。文华翼其左，武英峙其右。乾清并耀于坤宁，大善齐辉于仁寿。""左祖右社，蔚乎穹窿；有坛有庙，有寝有宫。"

李时勉《北京赋》称赞说："奉天凌霄以磊役，谨身镇极而峥嵘。华盖穹崇以造天，俨特处乎中央。上仿象夫天体之圆，下效法乎坤德之方。两观对峙以岳立，五门高矗乎昊苍。飞阁芳以奠乎四表，琼楼巍以立于两旁。庙社并列，左右相当。东崇文华，重国家之大本；西翊武英，俨斋居而存诚。彤庭玉砌，璧槛华廊。飞檐下啄，丛英高骧。辟闱阖其荡荡，俨帝居于将将。玉户灿华犀之炯晃，璇题纳明月而辉煌。宝珠礴耀

于天阙，金龙夭矫于虹梁。藻井焕发，绮窗玲珑。……其后则奉先之殿，仁寿之宫。乾清坤宁，眇丽穹窿。掖庭椒房，闺闼闳通。其前则郊建圜丘，合祭天地。山川坛壝，恭肃明祀。至于五军庶府之司，六卿百僚之位，严署宇之斋设，比馆舍而并置，列大明之东西，割文武而制异。至于京尹赤县之治所，王侯贵戚之邸第。辟雍成均，育贤之地。守羽林而掌伙飞者，至九十而有四卫，莫不并列而棋布，各雄壮而伟丽。"

永乐十九年四月，外朝奉天、华盖、谨身三殿遭雷火被焚。当月万寿节，以三殿灾，停止朝贺。二十年（1422 年）乾清宫亦毁于火。后因物力财力之累，加之北部边患不断，朱棣三次亲征，最后死于途中，故永乐年间未能重建。洪熙帝在位时间七个月，由于决定还都南京，无意重建修整北京宫殿。宣德年间，罢采木、营造之举。正统五年（1440 年）二月，始"以营建宫殿，发各监局有轮班匠三万余人，操军三万六千人供役"，重建北京宫殿。此时距永乐年三大殿灾已过去 19 年，以至仁宗、宣宗、英宗三朝皇帝继位之时，竟无金銮宝殿可坐。正统皇帝命中官阮安同左都督沈清、少保兼工部尚书吴中等重建三殿。至次年九月，奉天、华盖、谨身三殿，乾清、坤宁二宫始成。

嘉靖三十六年（1557 年）夏四月丙申（十三日），奉天殿遭雷击起火，延烧

华盖、谨身二殿，至午门及午门外左右廊房，外朝三殿二楼十五门皆被烧毁，成为一片焦土。外朝建筑的再次恢复是在嘉靖三十八年，此次动用了大量的人力物力，用了4年的时间，至四十一年（1562年）重建完工，并更名奉天殿为皇极殿，华盖殿为中极殿，谨身殿为建极殿。文楼为文昭阁，武楼为武成阁，奉天门初改名为大朝门，又改为皇极门，并改左顺门为会极门，右顺门为归极门，东角门为弘政门，西角门为宣治门。

万历二十四年（1597年）三月，乾清宫、坤宁宫及交泰殿被烧，到万历二十五年（1598年），修复工程尚未完工，又火起归极门，延烧至外朝三殿、二阁及周围庑房，修复工程搁置。28年后的天启五年（1625年）始动工重建，至天启七年重建完成。（图5）

顺治元年（1644年），清军入关，据明故宫为皇宫。十月，顺治皇帝在皇极门（太和门）诏告天下，开始了有清一代的统治。

清代在沿袭明宫殿建制的基础上，又根据使用的需要进行过一些重建和改建。清初，由于战乱未平，统治者还无力对明宫殿进行大规模的修缮。摄政王多尔衮曾将武英殿作为治事之所，而孝庄皇太后则暂居乾清宫。顺治二年五月，改外朝皇极、中极、建极三殿名为太和殿、中和殿、保

图5 《北京城宫殿之图》中的三大殿
（明万历年间绘，现存日本宫城县东北大学图书馆）

和殿，并开始对三殿略加修整，至三年完工。顺治皇帝福临居住在外朝的保和殿，时称位育宫。八年八月，顺治皇帝在位育宫行大婚礼。顺治十年（1653年）开始，相继对内廷部分建筑进行修缮。将原明代皇后所住的坤宁宫，仿照盛京清宁宫规制改为满族萨满教祭祀的场所，将慈宁宫重新修缮后作为皇太后的寝宫，并重修嫔妃居住的东西六宫。

康熙帝继位之初亦住保和殿，时称清宁宫。康熙四年（1665年），玄烨大婚在坤宁宫行合卺礼，大婚后仍住清宁宫。康熙八年（1669年）正月，太皇太后懿旨：

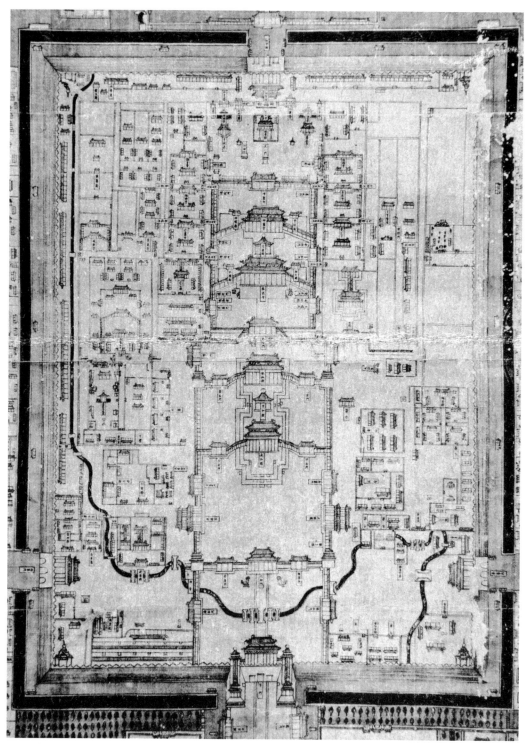

图6 《皇城宫殿衙署图》中的紫禁城
（绘于康熙十八、十九年间）

"皇帝现居清宁宫，以殿为宫，于心不安。可将乾清宫、交泰殿加以修理，皇帝移居彼处。"太和殿因"建造年久，颇有损漏"，亦命兴工修理。康熙帝遵懿旨从清宁宫移居武英殿暂住。当年十一月，太和殿、乾清宫整修工程完工，康熙皇帝由武英殿移居乾清宫，清代的御门听政也于此时改在乾清门举行。

康熙初年，皇太后与太皇太后均健在，为此，康熙皇帝将内廷外东路一区建筑修缮后改称宁寿宫，供皇太后居住。孝庄太皇太后仍居慈宁宫。康熙二十二年（1683年）恢复重建了文华殿。康熙二十五年（1686年）再次重修东西六宫。康熙朝将明代御门听政的地点从太和门挪移在乾清门，一些官署的值侍之所随之从太和门外东西庑房迁至乾清门一带。（图6）

康熙朝重建太和殿的工程当是清王朝定都北京50余年来在紫禁城内实施的一项最大的工程。康熙十八年（1679年）腊月初三，保和殿西庑御膳房起火，火乘风势顺着中右门与太和殿之间的斜廊延烧至太和殿。大火过后，紫禁城中的金銮宝殿化为一片焦土，两侧斜廊以及中左、中右两门皆被焚毁。虽然当年康熙皇帝以天灾（地震）大赦天下，但六名酿成大祸的宫监却未宽免，终被判处绞刑。

太和殿的重建工程从康熙二十一至二十七年筹建备料，行查各省采集木料运

抵京城，临清城砖、苏州金砖、京窑琉璃瓦料、京西大石窝青白石料、石灰，则沿承明代设置的官窑、官厂烧造；江南的颜料桐油、金箔铅锡等项，供宫殿大工使用，解运数量相当可观。康熙二十七年，重建太和殿所需的物料均已齐备，但因康熙二十六年十二月太皇太后（孝庄文皇后）去世；二十八年康熙帝第二次南巡，阅视河工，七月皇后去世；康熙二十九年，康熙帝亲征平定噶尔丹叛乱；十二月亲谒昭陵，行孝庄文皇后三年致祭礼；康熙三十年，以喀尔喀内附，康熙帝躬莅边外抚绥，举行多伦会盟，等等，家事、国事之累，所以在木材、砖瓦等材料备齐之后，时隔七年，太和殿重建工程才正式动工。据档案记载，太和殿重建工程自康熙三十四年二月二十五日动土开工，三十六年（1697年）七月十八日完工，耗银200余万两。考虑到防火的因素，此次重建太和殿，将两侧的斜廊改成砖墙，并将太和殿两山明廊封闭后改为夹室。（图7、图8）

雍正帝胤禛继位后，将皇帝寝宫迁至养心殿。在位期间常居紫禁城，于雍正四年（1726年）建城隍庙，奉紫禁城城隍之神，保紫禁城平安。雍正七年（1729年），清廷对西北准噶尔用兵，为方便皇帝随时召见大臣商讨军事机密，在距离皇帝居住的养心殿附近，即乾清门外西侧搭建房屋，作为军机大臣们临时办事处所，后称"军

图7 《太和殿纪事》（康熙三十六年）

图8 《皇城宫殿衙署图》中的三大殿
（绘于康熙十八、十九年间）

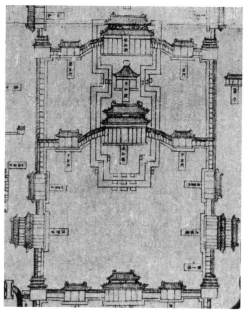

机处值房"。祭祀天地必需的斋戒仪式也在宫内举行，为此，于雍正九年（1731年）在乾清宫东侧新建了一处专供斋戒使用的宫殿——斋宫。雍正十年（1732年）又在奉先殿南侧新建了一座独立的建筑，称射箭亭，是为清代考武状元的地方。

乾隆年间，在当时盛世的基础上，对紫禁城内建筑大加修葺。60年间，改建、添建、修缮工程从未间断，新建、改建工程项目之多为明清各朝之首，形成了紫禁城宫殿建设的高潮。

乾隆初年，将乾隆皇帝做皇子时居住的乾西二所改建为重华宫；乾隆七年

（1742 年），又将乾西四所、五所改建为建福宫及其花园。乾隆十四年（1749 年），在内廷西六宫西侧原明代隆德殿的基础上，改建了一座藏式建筑——雨花阁；二十三年（1758 年）改建、添建慈宁宫花园中的一些建筑，作为老太后供奉藏传佛教内容的佛堂。从三十六年（1771 年）开始到四十一年（1776 年），对皇太后居住的宁寿宫的改建，则是乾隆年间最大的一项改建工程。仿照太和殿、乾清宫改建后的宁寿宫，作为乾隆皇帝退位后做太上皇时居住的宫殿，建筑规模巨大，各项设施齐备，装饰精美豪华，是乾隆盛世建筑的代表之作。乾隆三十九年（1774 年），为收贮《四库全书》在外朝东侧文华殿之后新建了一座大型藏书楼——文渊阁，是阁仿浙江宁波范氏天一阁所建，青砖砌筑，饰以冷色，古朴典雅。当时，外朝三台上的栏板望柱因年久风化腐蚀严重，为添换需要，也为省工省时且达到更新换旧的目的，乾隆皇帝决定将中轴线上自午门直至大清门中心御路白石换成青石，将换下的白石改用在三台的工程上。至此，明代中轴线上的原白石御路，均改为青石铺砌。乾隆在位 60 年，虽然工程不断，新建改建工程也很多，但紫禁城内建筑的总体布局仍然保持着明初始建时的格局，在继承明代宫殿建筑的基础上充实和发展，形成了今日紫禁城建筑之规模。

从嘉庆年间开始，清朝国力日渐衰弱，清末更是内外交困，此时宫殿建筑多以岁修为主。咸丰年间长春宫、启祥宫的改建，光绪年间储秀宫、翊坤宫改建，打破了内廷西六宫各宫院独立的格局；而对宁寿宫一组建筑部分彩画、装修的修缮，也改变了乾隆初建时的风格。光绪十年，一把大火烧毁了太和门及周围部分建筑。时值光绪大婚，无奈临时搭彩棚用以应付。而同治八年和光绪二十七年的两场大火，使武英殿经历了两次重建。光绪年武英殿的重建，因款项拮据，工程拖延至三十三年方告完竣，成为紫禁城中最后的修建工程。至溥仪退位，清朝灭亡时，紫禁城已呈衰败凄凉景象。

二、总体布局

中国古代建都均有一定规制，而历代建都尤以尊礼为先，"王者必居天下之中，礼也"。"中"为最尊贵的方位。"择天下之中而立国，择国之中而立宫"（《吕氏春秋·慎势篇》），成为历代帝王规划都城时所遵循的原则。《周礼·考工记》记载："匠人营国，方九里，旁三门，国中九经九纬，经途九轨，左祖右社，面朝后市……"（图9）这左、右、前、后都是相对帝王居住的宫城而言，宫城则位于都城的中心，择中思想十分突出。紫禁城位于北京城的南北中轴线上，也正是遵从了这一思想而规划实施的结果。

以紫禁城为中心的南北中轴线，向南延伸至永定门，长4600米，向北延伸至钟楼北侧城墙，长3000米，构成了北京城长达近8000米的南北中轴线。（图10）南半

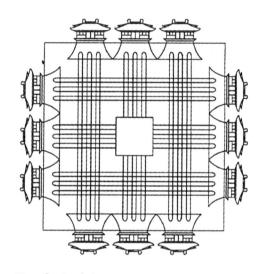

图9　《三礼图》中的周王城图

部从紫禁城正南门午门向南依次建有端门、天安门、外金水桥、千步廊、大明门（大清门），至京城南门正阳门，形成了一条长1500米的天街；沿着南部轴线的两侧，在宫城南东西两侧分别设置了祭祖的太庙和祭五谷的社稷坛；在天安门外千步廊两侧，

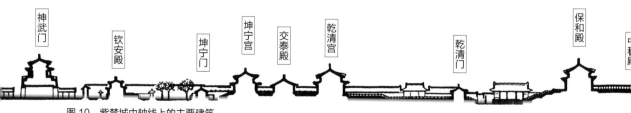

图10　紫禁城中轴线上的主要建筑

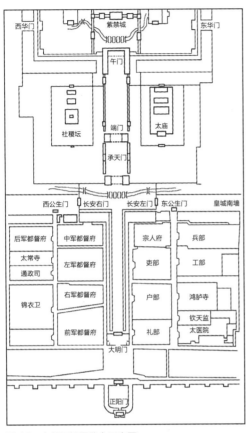

图 11　宫前区衙署分布示意图

紫禁城是北京城的核心，是王朝处理政务及皇室居住生活的地方。就帝王住宅而言，除了择中而立外，还要满足各种使用的需要，更要对于所处环境、建筑规模、建筑体制有极高的标准和艺术上的完善。紫禁城是在元大内的基础上平地建造，为了追求好的风水环境，明永乐年初建时，在宫城四周开挖护城河，引护城河水入紫禁城。同时将开挖的大量土方运至宫城北侧，堆砌成山，即今天的景山，与金水河共同构筑成紫禁城依山面水的气势，宛如一道天然屏障，守护着紫禁城。景山为五座山峰，主峰高43米，乾隆十六年（1751年）于五峰之上添建五亭。山上苍松翠柏，郁郁葱葱，明清两代这里曾是皇家御苑。（图 12、图 13）

紫禁城城墙高10米，外有宽52米的护城河环绕，总体布局以轴线为主，左右对称。建筑分布根据朝政活动和日常起居的需要，分为南北两个部分，以保和殿后至乾清门前之间的横向广场分隔内外，形成了宫殿建筑外朝内廷的布局。建筑规划有序，布局严谨，建筑形式多样，装饰华丽，体现了皇家建筑的豪华与气

设置了部、院办公的衙署；在正阳门外和永定门之间轴线的东侧建有祭天建筑天坛，西侧设祭祀先农的先农坛等坛庙建筑。这些坛庙、衙署与中轴线组成了宫前区极具特色的空间序列，皇权的神圣地位在都城规划中得以充分表现。（图 11）

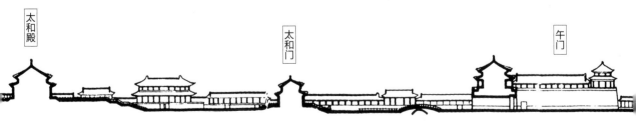

图 12　景山

派。（图 14）南半部外朝占据紫禁城南侧三分之二部分，以太和、中和、保和为中心的三大殿，建在高 8 米土字形三层汉白玉石台基之上，以廊、庑、门、阁、楼等围合成 80000 平方米宽广开阔的庭院；三大殿外左设文华殿，右设武英殿，

成左辅右弼横向排列。外朝建筑雄伟宏大，为皇帝举行重大典礼和朝廷处理政务的地方。

北半部为内廷区域，是皇帝处理日常政务、生活起居和皇室生活、娱乐的主要场所。以帝、后居住的乾清宫、交泰殿、坤宁宫为中心，左右有供嫔妃居住的东西六宫，乾清宫东北、西北部有皇子居住的乾东、西五所；紫禁城的西部，明清时期先后建有供皇太后居住的慈宁宫、寿康宫、寿安宫；太上皇宫殿建在东北部；另有花园、戏台、藏书楼等文化娱乐、游憩及服务等设施。

总体布局以尊礼为尚，单体建筑也同样受到"礼"的制约和影响。自汉代独尊儒术以来，儒家学说的中心思想"礼"就

图 13　太和门前金水河

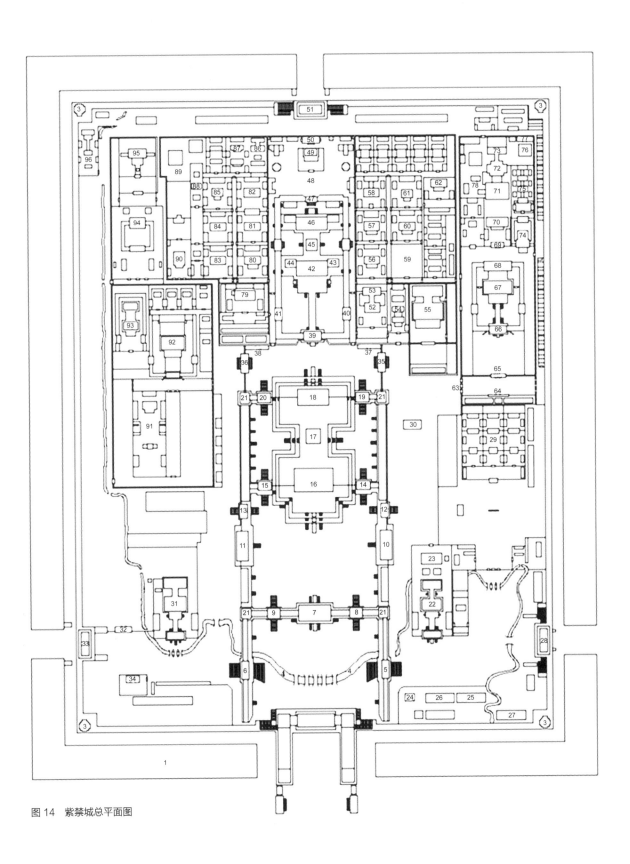

图 14　紫禁城总平面图

1. 护城河	13. 右翼门	25. 实录库	37. 九卿朝房	49. 钦安殿	61. 景阳宫	73. 景祺阁	85. 咸福宫
2. 午门	14. 中左门	26. 红本库	38. 军机值房	50. 顺贞门	62. 天穹宝殿	74. 畅音阁	86. 漱芳斋
3. 角楼	15. 中右门	27. 内銮驾车	39. 乾清门	51. 神武门	63. 锡庆门	75. 庆寿堂	87. 重华宫
4. 内金水河	16. 太和殿	28. 东华门	40. 日精门	52. 斋宫	64. 九龙壁	76. 景福宫	88. 建福宫
5. 协和门	17. 中和殿	29. 撷芳殿	41. 月华门	53. 诚肃殿	65. 皇极门	77. 梵华楼	89. 建福宫花园
6. 熙和门	18. 保和殿	30. 箭亭	42. 乾清宫	54. 毓庆宫	66. 宁寿门	78. 宁寿宫花园（乾隆花园）	90. 雨花阁
7. 太和门	19. 后左门	31. 武英殿	43. 昭仁殿	55. 奉先殿	67. 皇极殿	79. 养心殿	91. 慈宁宫花园
8. 昭德门	20. 后右门	32. 咸安门	44. 弘德殿	56. 景仁宫	68. 宁寿宫	80. 永寿宫	92. 慈宁宫
9. 贞度门	21. 崇楼	33. 西华门	45. 交泰殿	57. 承乾宫	69. 养性门	81. 翊坤宫	93. 寿康宫
10. 体仁阁	22. 文华殿	34. 南薰殿	46. 坤宁宫	58. 钟粹宫	70. 养性殿	82. 储秀宫	94. 寿安宫
11. 弘义阁	23. 文渊阁	35. 景运门	47. 坤宁门	59. 延禧宫	71. 乐寿堂	83. 太极殿	95. 英华殿
12. 左翼门	24. 内阁公署	36. 隆宗门	48. 御花园	60. 永和宫	72. 颐和轩	84. 长春宫	96. 城隍庙

成为人们一切行为的最高准则，即孔子所说："动之不以礼，未善也。"人们的吃、穿、住、行都要以礼为准绳，所反映的则是等级制度。规范（规划）建筑规模、建筑形制，即根据使用的需要，制订出建筑的不同等级，以确定建筑的体量、规模、形式，甚至色彩和装饰。依"礼制"设计出来的宫殿建筑，规范、严谨，紫禁城中冲不破的道道高墙、层层封闭的院落，正是中国几千年来"礼"所制约的结果，是环境与心理双重封闭的体现。而帝王居住的宫殿以多、太（大）、高、文为贵的思想，在紫禁城建筑中更是表现得淋漓尽致；同时，少、小、矮、平的不同建筑形式与之形成的鲜明的等级差别，体现了紫禁城宫殿建筑多样性的统一。因此可以说，"礼"是紫禁城建筑总体设计思想的理论基础。

中国传统的阴阳五行对宫殿建筑规划设计也有着重要的影响。阴阳五行学说在中国古代人们的生活中曾经广泛运用，建筑也不例外。对建筑的影响，主要体现在方位的选定、环境的处理以及建筑装饰上，其运用手法多含蓄、隐秘，然寓意深刻、内涵丰富。（图15）

五行的金木土水火与阴阳是相辅相成的，与五行相对应的五大类内容广泛（图16），相互对应。例如，土的方位为中，位居紫禁城中心的三大殿的台基即为土字形，喻王者居中统摄天下；木属东方，色彩为绿，表示生长，因此明代将太子居住和使用的宫殿建在紫禁城的东侧，清朝乾隆年新建的皇子居住的"阿哥所"也选在东部，屋顶均用绿色琉璃瓦装饰；火属南方，色彩为红，南门午门色彩装饰都以红色调为主；

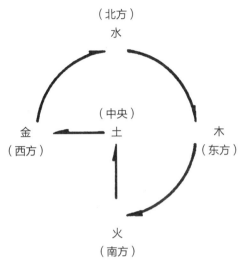

图 15　五行相生示意图

五行类别 具体事物	木	火	土	金	水
方位	东	南	中	西	北
五气	风	暑	湿	燥	寒
生化过程	生	长	化	收	藏
五志	怒	喜	思	爱	恐
五音	角	徵	宫	商	羽
五色	青	赤	黄	白	黑

图 16　五行相关对照表

水的位置在北方，在紫禁城最北部的钦安殿供奉玄天大帝，殿后正中有一块栏板为双龙水纹，表示北主水，装饰奇特，手法含蓄；金属西方，属秋季，生化过程为收，因此将太后们居住的宫室安排在紫禁城的西部。紫禁城中建筑色彩以红黄色为主，黄色为明清帝王专用色彩，火色红，为土之母，紫禁城中大面积的红墙黄瓦，表示事业旺盛、经久不衰。

紫禁城建筑所体现出的"礼"的影响和阴阳五行的运用，是紫禁城建筑设计思想的理论基础和基本依据，所体现的丰富的文化内涵，正是中国古代建筑与文化融合的特色所在。

紫禁城宫殿是一个庞大的建筑群体，以群体组合完善而著称。庞大的群体的形成源于数的积累以及有序的排列。中国古代建筑以"间"作为基本计算单位，数间的积累成为"座"，数座单体建筑根据需要组合为"院"，院作为群体建筑的基本单位，院的构成、多少、大小，决定了建筑群体的规模。

紫禁城建筑群体的构成是以天子听政的太和殿为中心布局，前为五门，后为寝宫，外朝东文华、西武英二殿辅弼，寝宫两侧有东西六宫、乾东西五所拱卫。这个格局创造了"譬如北辰居其所，而众星拱之"（《论语·为政》）的境界，形成了以帝王为中心的整体布局。

紫禁城这座壮丽完美、气势恢弘的大型宫殿建筑群，所蕴涵的深厚而丰富的文化内涵，值得人们对它进行不断深入的探索。

三、防御体系

紫禁城是"天子"居住的"紫微禁地"，统治者对紫禁城的安全保卫极为重视。紫禁城的城池布局具有重要的防御功能。环紫禁城开挖的护城河，宽 52 米，两侧驳岸条石垒砌，深达 6 米，陡直坚固，河岸砌筑矮墙，用以防护。（图 17）护城河水源自京西的玉泉山，泉出石隙，泻入池中，水清而碧，细石流沙，绿藻紫荇，一一可辨，水汇于昆明湖，经长河流至高梁桥转而流入城内三海，

与紫禁城护城河西北角的入水口相通，形成水源供给通道。河水自西北流入紫禁城，向东南流出至御河。自清康熙年间起，于河中栽植莲藕，岁收进奉宫中用食，余者出卖，得银存奉宸苑备用。至嘉庆年间护城河荷花地达二顷八十八亩七分。

紫禁城城墙顶面宽 6.66 米，底面宽 8.62 米，墙身素土夯实，内外两侧包砌城砖，磨砖对缝，平整坚实。城墙顶部外侧

图 17　护城河、角楼

图 18　角楼

筑雉堞，是禁军防守的垛口，内侧砌宇墙，下有沟槽，排泄雨水。

　　紫禁城四隅角楼，建于明永乐十八年（1420 年），清代重修，是作为瞭望警戒的城防设施。角楼平面呈十字形，自城墙下地面至角楼宝顶，通高 27.5 米，四面各 3 间。三重檐，四面显山，纵横相交十字歇山顶，正中安铜鎏金宝顶。角楼结构复杂，故有"九梁十八柱七十二条脊"之说。间以蓝绿为主调的旋子彩画，黄琉璃瓦、朱漆门窗，白石台基，秀丽精巧之中又显富

丽堂皇，为紫禁城中建筑之杰作。（图 18）

　　城垣四面各辟城门，南门曰午门，北门曰神武门，东西曰东华、西华门，建筑在四门之上的四座城楼高耸威严，尤以午门最为壮观。午门建于明永乐十八年（1420 年），清顺治八年（1651 年）、嘉庆六年（1801 年）重修。平面呈凹形，墩台高 12 米，正中辟 3 门，两侧各有一东西向之掖门，为"明三暗五"的形制。墩台上正中建门楼，面阔 9 间共 60.05 米，进深 5 间共 25 米，重檐庑殿顶，上覆黄琉璃瓦。自城墙下地

面至正吻通高 37.95 米。正楼左右设有钟鼓亭，各 3 间，两翼各设庑廊 13 间，庑廊两端各建阙楼，共 4 座，与正楼合称五凤楼。阙门向南形成 9900 余平方米广场，门前御路左设嘉量，右设日晷。四门墩台内侧各有马道直达城台顶面，有道路相通，便于防卫联络。午门不仅是紫禁城等级最高、体积最大，最为宏伟壮观的一座城门，也是中国古代建筑门阙合一形式的完美体现。（图 19、20、21）

禁城四门为出入紫禁城的要道，防御严密。城墙外围，明代建有守卫值房，称红铺。明万历年间，有红铺 40 座，每铺守军 10 名，昼夜看守，每夜起更时分传铃巡警，自阙右门（午门外西侧门）第一铺发铃，守军提一铃摇至第二铺，相继传递，经西华门、玄武门（清代称神武门）、东华门，至阙左门（午门外东侧门）第一铺环行一周，次日将铃交于阙右门第一铺收存，每夜如此，是为明代宫禁守卫制度。

清代乾隆年间在紫禁城外侧东西北三面建有连檐通脊围房 700 多间，设朱车（满语警卫值宿之所）栅栏 28 处，由下五旗官兵轮流值守，四门各设护军守卫，是紫禁城一道坚固的防线。嘉庆年间，林清率领的天理教起义军攻入紫禁城，清廷遭受到了极大

图 19　从护城河东望午门

图20　午门

图21　午门左掖门

的打击。此后，更是进一步加强防守，不得擅行出入，否则按律治罪。1930 年，三面围房年因久失修，多数坍塌，时加以清理，并将东北、西北转角处改为角亭，称观荷亭。

紫禁城内的禁卫由侍卫处、护军营、神机营及内务府包衣各营承担，分别守卫各宫门，稽查及警卫内廷。侍卫处的侍卫均出自上三旗的子弟，人数在 1300 人左右，他们才武出众，所组成的亲军营是皇帝最为信赖的精锐警卫部队。

内务府中设有三旗包衣骁骑营，负责守卫紫禁城。有披甲人 5300 多人，负责紫禁城内武英殿、南薰殿、宁寿宫、英华殿、寿安宫、养心殿造办处及各库等 31 处的守卫与值宿。三旗包衣护军营，负责守卫禁城内各宫门，顺治初设立，归领侍卫内大臣管辖，康熙十三年（1674 年）护军营改隶内务府，有护军 1200 人，负责守卫顺贞门、西铁门、寿康宫正门、内左门、内右门、慈祥门、永康左门、永康右门、宁寿宫正门、履顺门、蹈和门及三所正门等 12 处宫门；皇帝祭祀时负责执灯导引，扈从皇后、妃嫔等随驾巡幸。

各处警卫按班值宿，昼夜巡逻，夜则传筹。传筹分为外朝、内廷两路。内廷每夜自景运门发筹西行过乾清门，出隆宗门北行，过启祥门，再西过凝华门北转至西北隅，再东行过顺贞门、吉祥门至东北隅，南转过苍震门，南而西转仍回到景运门。

凡十二汛为一周，每夜发八筹。外朝自隆宗门发筹东行，出景运门向南，经左翼门至协和门，进门而北行，过昭德门，西行过贞度门，再南行出熙和门，北经右翼门，回到隆宗门，八汛为一周，传筹五。另有太和殿院内一路，自中左门发筹，经过东大库，西大库、中右门，仍至中左门，四汛为一周，传筹三。

禁廷各门天明开启，日落关门上锁。凡夜间出入须持合符比验相符，方能启门。

清朝门禁不如明朝严明，大小官员可至宫门递折请训，但出入门禁也有严格制度。内大臣、侍卫、内务府等官及内廷执事官与内务府各执役人等，准由禁门出入者，均将姓名、所属旗分、佐领、内管领造册登籍，送所经由之门。东华、西华门外设有下马碑，凡王公大臣上朝，至东、西华门外下马碑处下马。王公百官进入紫禁城所带随从人员有严格限制。官员出入，各行其门，并开写职名查验，如查不符，即行究办。

午门作为紫禁城的正门，献俘、颁朔等活动在此举行。明代午门前曾为"廷杖"行刑之地。其中门唯皇帝出入，大婚礼皇后由此门入，殿试状元及第由此门出；宗室王公出入东西两门；文武官员出入左右掖门。门禁森严，不得逾越。

神武门是紫禁城的北门，始建于明永乐十八年（1420 年），初名玄武门，清康熙年因避康熙帝玄烨名讳改称今名。神武门城台辟有门洞三座，门内东西两侧有砖砌马道供上下。明代曾于门外设市，月逢四则开市，谓之内市。门上城楼内设钟鼓，明代属钟鼓司，清代隶属銮仪卫掌管，每日鸣钟击鼓。钦天监每日派博士一人轮值此门，指示更点，按时鸣钟鼓。如皇帝在宫内居住，则只打更不鸣钟。清代帝后经神武门进出紫禁城时，由正门出入；妃嫔、官吏、侍卫、太监及工匠等均由偏门出入；清宫选秀女亦由神武门出入。神武门应是紫禁城四门之中日常出入最频繁的大门。（图 22）

东华门在四门之中比较特殊，门钉为八列八行，皇帝、皇太后、皇后死后灵柩从东华门出，有别于其他三门。帝后往来西苑和西郊诸园多由西华门出入。内阁、武英殿修书处、内务府等朝臣官员日常进出宫禁，走东华、西华门。（图 23）

常年进出紫禁城的还有宫内使用的杂役、工匠等人。这些人不仅为数众多，而且宫内各处只要有用之工，必到现场，所以管理更加严格。每日进出宫禁有专人带领，点明人数，查验所持腰牌。腰牌由所

图 22　神武门

图 23　东华门马道

管衙门发给，因系在腰上而得名。清代腰牌为木质，上面用火烙印写持牌人的性别、年龄、基本相貌特征以及制造年代和所属部院衙门。（图 24）腰牌因木质易磨损以至烙印模糊，故规定每三年更换一次。杂役、匠人每日进出紫禁城要出示腰牌，查验身份无误，方可放行。

图 24　腰牌

　　光绪年间又钦定规制：无论何项人等携带物件出入各门，务须实力盘问，倘有来历不明，立即究办；内务府司员带匠役及在内当差妈妈、女子、太监应出入何门，仍照旧责成内外守门侍卫官弁、首领太监一体稽查放行。如有太监、苏拉携带闲杂人等，不遵禁令，擅自出入者，立即严拿惩办，毋得稍涉懈弛。

四、外朝三殿

外朝的三殿，即位于中轴线上的太和殿、中和殿、保和殿，俗称三大殿，是紫禁城的中心建筑。三殿与四隅崇楼、左体仁阁、右弘义阁、前后九座宫门以及周围廊庑，共同构成了占地约80000平方米的紫禁城内最大的庭院。由于前三殿位于中央，在五行上属土，依五行木克土之说，故院中无一棵树木，庭院显得宽广开阔。位于庭院中央的三层汉白玉石台基，平面也似土字形，三大殿位于其上，以示王者必居其中。（图25）

三大殿的正门太和门，是外朝的大门，明代这里是皇帝御门听政的地方。门外为太和门广场，广场的中部有内金水河自西而东流过（图26），门内即太和殿庭院。太和殿的东西两侧设卡墙连接中右门、中左门，分隔出南北两进院。南院主体建筑即太和殿，其两厢为体仁、弘义两阁（图27），与南面的太和门围成一个四合院前院；后院保和殿两侧各设卡墙连接后左门、后右门，与东西两庑房组成四合院的后院。

庭院中央设置巨大的三台，三大殿高居于三台之上，建筑形式各异，高低起伏错落，

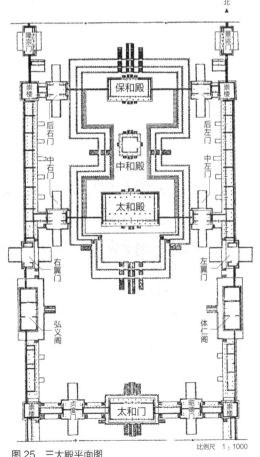

图25　三大殿平面图

比例尺　1∶1000

图 26 太和门、金水桥

图 27 体仁阁

图 28　三大殿

形成庄严、宏伟的气氛。(图 28)

　　前三殿范围共有建筑二十六座,按建筑等级的不同,屋顶形式、台基高度、彩绘装饰、御路阶级,以及门窗的装饰形式都不尽相同,等级制度体现分明。前三殿作为紫禁城的主体建筑,其建筑形制保留了更多的古制。如太和殿金箱斗底槽、重檐庑殿顶即为中国古代建筑的最高等级形式(图 29、30、31);中和殿四面各显三间,模仿了周代明堂九室,保存了自夏商以来即已有的四面合围成庭院的廊庙型制;保和殿减柱造的形制则继承了辽金时代佛教建筑的柱网布置,从而扩大了室内的空间;盛行于

唐而没于宋的四隅崇楼之制,亦在前三殿再现。这些不同时代的古制集于前三殿且融为一体,得益于设计者的高超设计水平和对古代建筑制度、建筑内涵的深刻理解。

　　三层台基之上的这座高大的太和殿,人们又称它为金銮宝殿(图 32)。重檐庑殿顶,高 27.035 米(台基下皮至正脊上皮),连三台通高 35.05 米,台基东西长 64 米,南北宽 37.21 米,建筑面积达 2381.44 平方米,面阔九间,东西夹室各一间,进深五间,一层单翘重昂七踩溜金斗栱,二层单翘三昂九踩溜金斗栱。正脊两端大吻由 13 块琉璃构件拼接组成,称十三拼,高 3.40

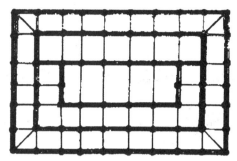

图 29　宋《营造法式》卷三十一、大木作制度图样 "殿
阁地盘殿身七间副阶周匝身内金箱斗底槽"

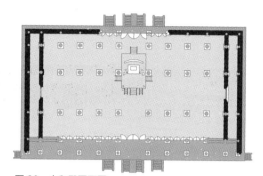

图 30　太和殿平面图

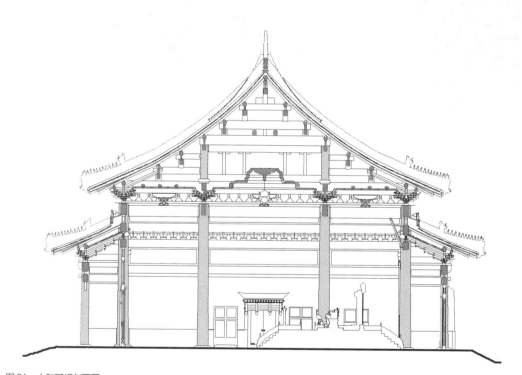

图 31　太和殿横剖面图

米，宽 2.68 米，厚 0.52 米，表面饰以龙纹。
檐宇四角安有走兽 10 个，依次排列为龙、
凤、狮子、海马、天马、押鱼、狻猊、獬豸、
斗牛、行什。古建筑走兽多用奇数，多不
过九，而太和殿实放 10 个，为现存中国

古建筑中的孤例。（图 33 ）

　　太和殿的装饰与陈设均为中国古建筑
中的最高等级。梁枋施以金龙和玺彩画，
前檐七间安六抹菱花隔扇，东西两侧的两
间，下为彩色鱼背锦琉璃砖饰面的槛墙，

图 32　太和殿

图 33　太和殿脊兽

图 34　太和殿宝座

上为四抹菱花隔扇槛窗。隔扇绦环板、裙板和槛窗绦环板浮雕云龙，门窗饰以铜鎏金饰件，称"金扉金锁窗"。室内饰以龙井天花，明间正中为蟠龙藻井，蟠龙龙首下探，口衔宝珠；藻井上圆下方，井口直径达 6 米，内高 1.8 米，通体髹金，金碧辉煌。

殿内正中放置须弥座式宝座台，台上金漆龙椅，即皇帝的宝座，俗称金銮宝座，是帝王权力的象征，代表了统治者的至高无上。（图 34）宝座后设雕龙髹金屏风，宝座前两侧陈设宝象、甪端、仙鹤、香亭各一对。宝座台两侧的六根金柱，直径 1.06

米，柱高 12.73，各绘一条巨龙，饰以海水江涯，沥粉贴金，浑金蟠龙柱，与宝座台合围成一个独立的空间，烘托出磅礴的气势和帝王尊严。

太和殿前宽阔的月台上陈设有日晷和嘉量。日晷是中国古代测日影定时刻的计时器。圆形石盘，盘上刻出时刻，中间立一金属晷针，与盘面垂直。晷盘斜置在汉白玉石座之上，利用太阳的投影与地球自转所形成的日影长短的变化及方向的不同，通过指针投影来表示时间。嘉量是中国古代标准量器，有方形、

图35　日晷

图36　嘉量

圆形两种。太和殿前的嘉量是清乾隆九年（1744年）仿唐代嘉量制成，方形，具有斛、斗、升、合、龠五种容量。日晷、嘉量并陈于殿前，象征天地一统，国家稳固。（图35、36）

月台上还陈设有铜龟、铜鹤，龟鹤被认为是长寿的动物，以此象征江山永固。每当皇帝驾临太和殿，点燃铜鼎和铜龟、铜鹤内的松柏枝和檀香，烟雾缭绕，增添了皇权的神秘和威严的气氛。

太和殿是明清两代举行盛大典礼的场所，凡皇帝登极大典、大婚、册立皇后、命将出征，以及元旦（春节）、冬至、万寿（皇帝生日）三大节，皇帝都要在此接受朝贺，并在此赐宴。明永乐十九年（1421年）正月初一，北京的宫殿启用，永乐皇帝就在此接受朝贺，大宴群臣和外国使者。太和殿还曾举行过殿试，后殿试改在保和殿，但传胪仍在太和殿举行。传胪即宣布殿试的名次，届时皇帝将亲御太和殿。（图37）

太和殿前广场御路两侧，条砖铺砌的地面嵌有两行方形白石，称仪仗墩，是明清时期举行典礼时仪仗队站位的标

图 37 《光绪大婚图》太和殿行大征礼

志。（图 38）

举行大朝会陈设的卤簿仪仗，仪仗队伍一般由 3000 人组成，所持仗、瓜、星、钺、旗、纛、麾、旌、幡、幢、扇、伞、盖、戟、枪、弓、刀等，均按仪仗墩排立，整齐划一。遇有大朝会和庆典，御路两侧还摆放品级标志，按正、从一品至九品排列。明代在奉天门前，用木牌作标志，清代改用铜范，形如山形，称为品级山。文武百官于大典之时位于广场御道两侧列队，按照各自的品级站立，不得越位。（图 39）

中和殿位于太和殿与保和殿之间，建筑面积 580 余平方米。平面正方形，面阔、进深各三间，周围廊。明初始建时称华盖殿。《晋书·天文志》载："大帝上九星曰华盖，所以覆蔽大帝之座也。"因而华盖殿布置在奉天殿之后就是根据星辰位置而

定的。明嘉靖四十一年（1562 年），改华盖殿为中极殿，清顺治二年（1645 年）定名为中和殿。（图 40）

为了避免三座大殿的雷同，中和殿采取了亭式做法。根据《大戴礼记》所述的明堂轮廓，做成正方形平面，殿身纵横各三间，所谓的"明堂九室"，周围加设回廊，屋顶用四角攒尖顶，顶上安装铜质鎏金圆宝顶。四面不砌墙，满设门窗，以利采光，达到"向明而治"的目的。中和殿东西北面明间都装隔扇门，次间装隔扇窗，惟南面为了配合太和殿的需要，满装隔扇门，只在明间安装帘架，以追求"明堂九室而有八牖，宫室之饰，圆者像天，方者则地也。明堂者，上圆下方"的理论。因而从殿身间数、平面布局，屋顶的圆形宝顶，门窗、踏跺的四通八达，多与《大戴礼记》中的

图 38　太和殿广场上白石仪仗墩

图 39　太和殿广场御路两侧摆放的品级山

图 40　中和殿

图 41　"明堂九室"示意图

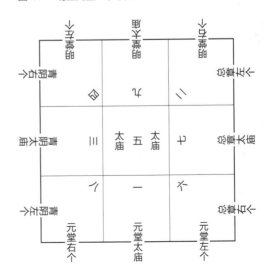

明堂有很多相似之处。（图 41）

　　中和殿内正中设宝座，每次太和殿举行朝贺庆典，皇帝从后宫乘舆先至中和殿，接受礼仪官先行行礼。明清两代皇帝，每年春季祭先农坛、行亲耕礼前，清制皇帝要先御中和殿阅视祭祀用的写有祭文的祝版和亲耕时所用的农具。

　　皇帝亲祭地坛、太庙、社稷坛、历代帝王庙、至圣先师庙、日坛和月坛，也要先期在中和殿阅视祝版。清代给皇太后上徽号，皇帝也要在中和殿阅视册书。

清代皇室谱系即玉牒，每 10 年纂修一次，每次修纂完成在中和殿举行仪式，进呈皇帝审阅。阅视后，玉牒恭藏于皇史宬。

保和殿于清顺治三年（1646 年）改称位育宫，康熙帝登基后至康熙八年（1669 年）称清宁宫。明代册立皇后、皇太子颁诏时，百官上表笺称贺，皇帝先到谨身殿（今保和殿）穿戴衮冕礼服，然后到奉天殿（今太和殿）接受朝贺，再回谨身殿换下礼服。

明清两代，皇帝常在保和殿大宴群臣。清代公主下嫁纳彩后，皇帝在保和殿宴请额驸（驸马）及其父亲、族中的在朝官员和三品以上的文武大臣。乾隆三十五年（1770 年），和静固伦公主下嫁，在保和殿赐宴。每年除夕、正月十四、十五日，皇帝都要在保和殿赐宴招待外藩蒙古王公及文武大臣。宴桌大多设于殿内，台吉和侍卫的宴桌设于殿外，届时设中和韶乐、丹陛大乐于殿前及中和殿后。

顺治十四年（1657 年），文华殿尚未建成，于保和殿始行经筵典礼。

实录、圣训修成，于保和殿举行恭进仪式。皇帝礼服乘舆出宫，至保和殿降舆入内，至实录、圣训案前行三跪九叩礼，实录、圣训恭送至乾清门，交内监送入内宫，礼部尚书奏礼成。皇帝御中和殿，执事各官行礼后再御太和殿，王公百官行礼，皇帝还宫，择吉日，实录、圣训恭送

皇史宬尊藏，副本交内阁收贮。

顺治年间，曾御试词臣于保和殿。康熙二十四年（1685）正月，御试翰林院、詹事府诸臣于保和殿。乾隆元年（1736 年）试博学鸿词，因天气渐寒，皇帝降谕旨，于保和殿考试，并于保和殿赐宴。乾隆五十四年（1789 年）始于保和殿举行殿试，以后成为定例。

保和殿后三台石阶正中，嵌有一块巨大的云龙雕石。长 16.57 米，宽 3.07 米，厚 1.7 米，重约 200 吨。这块巨型雕石原为明代遗物，清乾隆二十五年（1760 年）重新雕刻，将明代旧有纹饰凿去，四边新雕作卷草纹，中间高浮雕巨龙九条，三条一组，上下排列，下部为海水江崖，衬托出磅礴气势。（图 42）

紫禁城四隅设有角楼，三大殿庭院四角设置有崇楼，是四隅之制的体现。四隅之制是《周礼·考工记》记载的一种高等级建筑作法，后为帝王之家使用。古代称四隅为"地维"或"四维"，并解释："四维，东南巽，东北艮，西南坤，西北乾。"认为"天圆地方，天有九柱支持，地有四维系缀"。在古代建筑中运用四隅的形制不多见。据史料记载，唐代大明宫麟德殿、北宋东京汴梁宫城、宋代山西汾阴后土庙有角楼。现存的山东泰安岱庙、北京紫禁城有角楼。紫禁城不仅城隅有角楼，在外朝三大殿院四角还设有崇楼，其建筑形制是很高的。（图 43）

图42　保和殿后云龙纹御路石

图43　西南角崇楼

三大殿东西有文华殿、武英殿，呈左辅右弼之势。

文华殿位于协和门以东，明初为经筵之所，后为"太子视事之所"，"五行"以东方属木，色为绿，表示生长，故太子使用的宫殿屋顶覆绿色琉璃瓦。嘉靖十五年（1536年）后复为经筵之所（图44），建筑随之改作黄琉璃瓦顶。嘉靖十七年（1538年），在殿后添建了圣济殿，为明代供奉三皇历代名医及御用药饵之所。清初，文华殿建筑无存。康熙二十二年（1683年）仿武英殿重建。前殿文华，后殿主敬，以穿廊相连，平面呈工字形。前殿有东西配殿各五间，曰本仁、

集义。重建后的文华殿仍作为经筵之所。明清时期，每岁于春秋仲月，在文华殿举行经筵之礼（图45）。日值讲读在文华殿后穿堂（图46）。清代以大学士、尚书、左都御史、侍郎等人充当经筵讲官，满汉各8人。以满汉各2人分讲四书、五经，皇帝则阐发讲习"四书五经"的御论，礼毕，赐茶赐座。明清两朝殿试后，读卷官在文华殿阅卷。

文华殿东为传心殿院，清康熙二十四年（1685年）建。传心殿五间，殿内正中供奉皇师伏羲、神农、轩辕，帝师尧、舜，王师禹、汤、文、武位，皆南向；东设周公位西向，西设孔子位东向。另有景行门、治

图44　文华殿全景

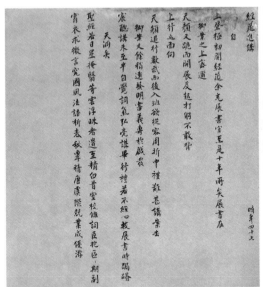

图45　明万历《徐显卿宦迹图》二册之十七经筵进讲

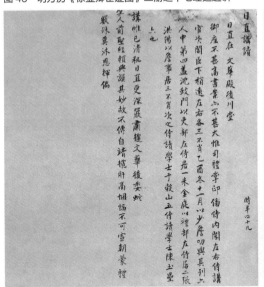

图46　明万历《徐显卿宦迹图》二册之二十三日值讲读

牲所、祝板房、神厨库等建筑，为一处完整的祭祀场所。康熙二十五年后，皇帝于御经筵前一日遣大学士祗告于传心殿；雍正四年（1726年）后则于经筵当日行祗告礼。太子会讲，亦先祭告。乾隆、嘉庆、道光、咸丰朝，皇帝均有亲诣传心殿祗告之举。

传心殿院内有一水井，称大庖井。明代孟冬祀井，在文华殿。清代顺治八年（1651年）定制，每年十月祭司井之神，于大庖井前。

武英殿位于熙和门迤西，明代为皇帝斋戒所用。红墙围护的独立院落，东西宽 71 米，南北长 102 米。武英门外内金水河从门前蜿蜒流过，河上跨三座石桥。因自武英殿起，内金水河流入了外朝的区域，故河之两岸均用白石栏板望柱，以壮观瞻。正殿武英殿与后殿敬思殿之间有穿廊相连，成工字殿形式，坐落在高 1.5 米的白石须弥座高台之上。正殿东西有配殿，东曰凝道殿、西曰焕章殿，两配殿北侧各有值房 5 间。后殿敬思殿东有小殿恒寿斋，坐北朝南；西侧砌筑高台，上建有浴德堂。武英殿西院墙外沿内金水河建有连房一排，北有水井一口，上建井亭一座。（图 47）

明末李自成于武英殿登基称帝。清顺治元年摄政王多尔衮率部开进北京，以武英殿为理事之所。武英殿经历了明亡清兴的短暂过渡时期。顺治初年，武英殿用作皇帝便殿，曾在此赐宴、赏赐诸王群臣，处理政务等。康熙八年（1669），康熙皇帝因太和殿、乾清宫等处修缮，曾暂住武英殿。康熙十九年（1680）始直至清末，武英殿一直作为修书处所在地，是清代皇家编修刊印书籍的中心。1914 年至 1948 年这里是中国第一个国立博物馆——古物陈列所的办事地点和最早的宫廷文物陈列展室。武英殿见证了在这里发生过的众多的历史事件。

图 47　武英殿鸟瞰

五、帝后寝宫

紫禁城的北半部是为内廷，帝、后、嫔妃居住在内廷中部的乾清宫、坤宁宫及东西六宫。保和殿后的乾清门为内廷正门，门外横向广场，南北宽50米，东西长200米，宽阔、平坦，是外朝、内廷的分界线，也是紫禁城内联系东西的主要通道。（图48、49）

乾清门内为乾清宫，是明代皇帝的寝宫，（图50）明代自永乐皇帝朱棣至崇祯皇帝朱由检，共有14位皇帝在此居住过。明代乾清宫内分隔有暖阁九间，有上下楼，共置床27张。宫殿高大，空间宽敞，分隔

图48 外朝、内廷的分界——乾清门广场

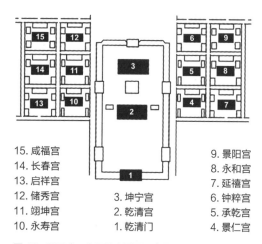

15. 咸福宫
14. 长春宫
13. 启祥宫
12. 储秀宫
11. 翊坤宫
10. 永寿宫

3. 坤宁宫
2. 乾清宫
1. 乾清门

9. 景阳宫
8. 永和宫
7. 延禧宫
6. 钟粹宫
5. 承乾宫
4. 景仁宫

图 49　后三宫、东西六宫平面示意图

成小室，一是适合人的居住要求；由此分隔出的数室，皇帝可以随意入寝。这样皇帝每晚就寝之处少有人知，以防不测。皇帝虽然居住在迷楼式的寝宫里，且防范森

严，仍不敢高枕无忧。嘉靖年间，朱厚熜对宫女暴虐无道，他身边的十几名宫女预先商定，伺机将他勒死。嘉靖二十一年(1542年)十月二十一日凌晨，趁朱厚熜在乾清宫熟睡之时，宫女杨金英等十多人一齐动手，将朱厚熜按住四肢，用绳子勒其颈部，因误将绳子拴成死结，虽致朱厚熜奄奄一息，却未能将其勒死，被及时赶到的皇后救下。事败后，参与此事的宫女 16 人和端妃、宁嫔或被凌迟处死，或枭首示众。因此年为壬寅年，故史称"壬寅宫变"。嘉靖皇帝此后移居西苑，不敢再回乾清宫居住。

万历四十八年（1620 年）七月，万历皇帝朱翊钧逝去。九月一日在位仅一个月的泰昌皇帝朱常洛逝世。朱常洛病重之

图50　乾清宫

时服用鸿胪寺呈进的仙丹，因此，泰昌帝死因引起朝廷内外的激烈争论。拥帝派大臣认为是万历皇帝的宠妃郑贵妃陷害新皇帝的阴谋，拥贵妃派大臣辩解与贵妃无涉。发生在乾清宫的泰昌皇帝之死成为疑案。因仙丹为红色，史称"红丸案"。

朱常洛登极之时，宠妃李选侍与皇长子朱由校亦迁入乾清宫。朱常洛去世后，李选侍控制了乾清宫，欲当皇太后以把持朝政。此举遭到群臣反对，朝臣们要求李选侍移出乾清宫，迁居哕鸾宫；李选侍要求先封自己为皇太后，然后令朱由校即位。由于朱由校登极大典迫近，内阁诸大臣迫促李选侍移出乾清宫，朱由校的东宫伴读、太监王安在乾清宫内力驱，李选侍不得已移居仁寿宫内的哕鸾宫。朱由校即皇帝位。移宫后数日，哕鸾宫失火，引起反对移宫的官员指责。朱由校最后决定："停选侍封号，以慰圣母在天之灵。厚养选侍及皇八妹，以遵皇考之意"。发生在乾清宫"移宫"风波，史称"移宫案"。

乾清宫明代也曾作为皇帝守丧之处，有时也在此召见臣工。

崇祯十七年（1644 年），李自成率领的农民起义军打进了北京城，三月十八日晚，崇祯帝于绝望中命住在坤宁宫的皇后自尽，自己砍伤妃嫔、公主，仓皇逃生。十九日凌晨自缢于煤山（今景山）。

清初，乾清宫虽然在名义上还是皇帝的寝宫，但是顺治、康熙两位皇帝继位之初都没有在乾清宫居住。顺治皇帝福临在外朝的位育宫（即保和殿）居住了多年，直至顺治十三年（1656 年）才移居乾清宫。康熙皇帝玄烨自登基后仍居住外朝的保和殿，时称清宁宫。康熙四年（1665 年）大婚在内廷坤宁宫举行，以后仍回清宁宫居住。康熙八年（1669 年），奉皇太后懿旨移居内廷居住，以乾清宫作为皇帝的寝宫。皇帝新丧，梓宫亦奉安于此祭奠。康熙六十一年（1722）十一月初七日，康熙皇帝病逝。当日，梓宫从畅春园运回皇宫，安奉于乾清宫内。雍正皇帝胤禛在乾清宫西侧的养心殿内守丧。月余后，梓宫移送到景山寿皇殿祭奠。此后，雍正皇帝及其后的七位皇帝都住在养心殿，乾清宫改作皇帝召见廷臣、批阅奏章、处理日常政务、接见外藩属国使臣，和岁时受贺、举行宴筵的重要场所。（图 51）

清宫凡遇皇帝万寿、元旦、除夕及上元、端午、中秋、重阳、冬至各节令，帝后、王公们都要在乾清宫举行家宴，称乾清宫家宴仪。除夕宴由皇后等女眷陪宴，元旦则由王子、阿哥陪宴。康熙、乾隆两朝在这里举行过特殊的筵宴——千叟宴。千叟宴始于康熙五十二年（1713 年），康熙皇帝六旬庆寿时在畅春园举行。康熙六十一年，分两日在乾清宫举行 65 岁以上的满、蒙、汉文武大臣、官员共 1000 余人的筵宴。

图 51　乾清宫内景

乾隆五十年（1785年）正月，以登位五十年大庆，在乾清宫举行千叟宴，宴亲王以下60岁以上计3000余人。

秘密建储匣曾存放于乾清宫的"正大光明"匾后。雍正皇帝是在激烈的皇位争夺中登上宝座的皇帝，即位后，于元年下诏废止公开建储制，实行秘密确定皇位继承人的制度。将写有皇位继承人名字的密件藏于匣内，置放在乾清宫正中世祖章皇帝御书"正大光明"匾额之后，此处乃宫中最高之处，以备不虞。雍正皇帝则另外密封一匣，随身携带。（图52、53）

雍正皇帝去世后，其第四子宝亲王弘历成为了清代第一个以秘密建储制继位的皇帝，即乾隆皇帝。乾隆皇帝继位后将"实为美善"的秘密建储定为不可更改的"建储家法"。乾隆年两次秘密建储，第一次在即位之初的乾隆元年（1736年）七月，缄永琏名于正大光明匾后。永琏为高宗第

图53　秘密建储匣

图52　"正大光明"匾

二子，孝贤皇后所生，高宗为皇子时生于藩邸，雍正皇帝赐名。立储后三年，9岁的永琏夭折。三十八年（1773年）十一月，乾隆皇帝再次密建皇储，将缄第十五子颙琰名的建储匣藏于正大光明匾后。五十四年（1789）封颙琰为嘉亲王。六十年（1795年）九月，乾隆皇帝下诏明立颙琰为皇太子。嘉庆元年（1796年）元旦，受高宗内禅，颙琰继位于太和殿。道光、咸丰亦是按秘密建储制继承皇位。咸丰皇帝时只有载淳独子，自然继承。清末，同治、光绪两位皇帝或无后早死，或无子而不及用此制度，由两宫皇太后指定继承人。

明代皇后居住在坤宁宫，主内廷统摄六宫。坤宁宫为内廷的中宫，建筑规模也在六宫之上。（图54）清顺治十二年，在重修后三宫时，仿盛京皇宫的清宁宫形制，对坤宁宫做了较大的改建，将原明间正门

移到东次间，改为板门，其他几间撤去棱花隔扇窗，改为直棂吊窗。室内东次间与西三间改为满族萨满教祭神的场所，内设神龛、供案、置办祭品的煮肉大锅等；东两间隔出作为暖阁，供人居住。顺治和康熙皇帝回内廷居住后，皇后也回到坤宁宫居住，居住环境与在盛京时相仿。随着雍正皇帝移居养心殿，皇后也移出坤宁宫，选择东西六宫中的某一宫室居住。此后坤宁宫成为满族祭萨满神的主要场所。

清康熙四年（1665 年），玄烨大婚，太皇太后指定大婚在坤宁宫举行合卺礼，大婚洞房选在东暖阁。此后这里就成为清帝大婚的喜房。康熙以后的雍正、乾隆、嘉庆、道光、咸丰五位皇帝继位前已婚娶，所以大婚洞房一直未用。207 年后的同治十一年（1872 年），皇帝大婚，坤宁宫再次迎来喜庆气氛。光绪十五年（1889 年）皇帝大婚，在此举行。清帝大婚，盛况空前。（图 55、56、57）大婚仪式严格按照礼仪程序进行，包括：

纳彩，向皇后家赠送彩礼的仪式。

大征，向皇后家送大婚礼物的仪式。

册迎，大征礼次日，发册奉迎皇后入坤宁宫的礼仪。皇后至坤宁宫入东暖阁洞房；皇帝御太和殿，赐皇后父亲及亲属宴；皇太后御宫，赐皇后母亲及亲属宴。

图 54　坤宁宫外景

图 55 《光绪大婚图》中乾清门前景象

图 56 《光绪大婚图》中的乾清宫

图 57　《光绪大婚图》中的交泰殿、坤宁宫

合卺，皇帝、皇后入洞房后所行的礼仪，进子孙饽饽（即饺子），帝后喝交杯酒，用合卺宴。

朝见，皇帝大婚后第三天，皇后到太后宫行朝见礼，太后赐宴。

庆祝，皇帝大婚后第四天，帝后，妃嫔、公主、福晋等向皇太后行礼。皇帝接受文武百官的朝贺，皇后、妃嫔、公主、福晋、命妇等人的拜贺，颁诏。

皇帝大婚后，已经长大成人，也就开始亲政了。

圣祖仁孝诚仁皇后赫舍里氏大婚后住在坤宁宫，康熙十七年（1674年）逝于此宫。雍正以后，帝后已经不在乾清、坤宁宫居住。

同治、光绪皇帝大婚仅仅在坤宁宫住三天。大婚的第四天，皇后移到已为其准备好的东西六宫中的某一处宫院居住。同治的皇后阿鲁特氏（1854～1875年）移住储秀宫，光绪的皇后叶赫那拉氏（1868～1913年）住钟粹宫，坤宁宫又恢复了平静。清朝逊帝溥仪的大婚也是在坤宁宫举行的。溥仪在《我的前半生》一书中这样描述他的感受："行过'合卺礼'，吃过了'子孙饽饽'，进入这间一片暗红色的屋子里，我觉得很憋气。新娘子坐在炕上，低着头，我在旁边看了一会，只觉得眼前一片红，红帐子、红褥子、红衣、红裙、红花朵、红脸蛋……好像一摊溶化了的红蜡烛。我感到很不自

在，坐也不是，站也不是。我觉得还是养心殿好，便开开门，回来了。"这便是紫禁城里最后的婚礼。(图58)

乾清宫与坤宁宫之间的交泰殿，是一座深、广各3间的方形小殿。"交泰"，喻天地之交感，帝后之和睦，是乾清、坤宁阴阳之中界，又是皇后接受朝贺之宫，是为阴。六气之阴为金，因此整座建筑使用大量的金来装饰，鎏金宝顶、贴金彩画、金扉金锁窗、殿内浑金藻井，金光闪闪，犹如一座金殿。其中双龙、双凤纹和玺彩画，衬托出皇后内主六宫的显赫地位。明间宝座上方悬康熙帝御书"无为"匾，宝座后板屏上书乾隆帝御制《交泰殿铭》。宝座两侧放置清朝御用的25方宝玺。清世祖为提醒后妃不要干预政事所立的"内宫不许干预政事"铁牌曾放在这里。这里还是皇后千秋节（生日）受庆贺礼的地方；每年春季祀先蚕，还要先一日在此查阅采桑的用具。殿内的铜壶滴漏和大自鸣钟都是宫中专用报时器，钟声远达乾清门。(图59)

交泰殿和坤宁宫作为内廷的中宫，建筑装饰富丽而考究，坤宁宫两侧黄绿色琉璃砖砌筑的围护墙、交泰殿的龙凤纹裙板和龙凤彩画图案，都留下了皇后生活过的痕迹。

随着乾清、坤宁两宫使用功能的转变，相关建筑以及周围的庑房遂成为内廷办事机构值房及御用物品库房。皇子读书的上书房也安排在了乾清宫的庑房。

昭仁殿、弘德殿为乾清宫之东西小殿，始建于明代，南向，各3间，前接抱厦。明代殿前有斜廊，清代改为砖墙，自成一院。昭仁殿是清朝宫中重要的宋、金、元、明版书的贮藏地，乾隆皇帝经常来此读书。

弘德殿在明代为召见臣工之处，清代则为皇帝办理政务及读书之处。顺治十四

图58　坤宁宫东暖阁

图 59　交泰殿内景

年（1657年），以开讲日祭告先师孔子于弘德殿。康熙年间，康熙皇帝命弘德殿讲官进讲四书五经，并与讲官论及吏治之道，亦或吟诗作赋。同治年间，奉两宫皇太后的懿旨，同治皇帝在弘德殿入学读书，责成行辈最尊、品行端正的惠亲王绵愉专司弘德殿皇帝读书事，祁寯藻、翁同龢授读，绵愉之子奕详、奕询伴读，时有弘德殿书房之称。弘德殿内有匾曰"奉三无私"，南向设御座。后室3间，有匾曰"太古心"，后东室匾曰"怀永图"，皆为乾隆皇帝御笔。

嘉庆二年（1797年），乾清宫失火延烧昭仁殿、弘德殿，次年重建。

乾清宫东西庑房为连檐通脊，坐落在高1.1米的台基之上，前檐出廊，后檐为半封护檐墙。东庑北起3间为御茶房，康熙皇帝御笔匾"御茶房"，专司上用茗饮、果品及各处供献节令宴席。尚茶之水取于西郊玉泉山。南3间为端凝殿，明代夏言拟额曰"端凝"，取"端冕凝旒"之义，为贮冕弁处。清沿明旧，御用冠袍带履俱贮于殿内，每年于六月六日晾晒。康熙皇帝御笔匾"执事"悬挂于端凝殿。又南3间为自鸣钟处，清顺治年设，内悬康熙皇帝御笔匾"敬天"。初为贮藏香、西洋钟表处，后沿称自鸣钟处，并收贮历代砚墨，列圣所御冠服、朝珠亦尊藏于此处。宫内每年向广储司领银5万两，交自鸣钟处库贮应用。南为日精门，日精门南为御药房，

顺治十年（1653年）设立，隶属总管内务府，内悬康熙皇帝御笔"药房"、"寿世"匾。内设有药王堂，亦称药王殿。御药房贮藏御用药品四百余种，设太监管理，并负责带领御医到各宫请脉、煎药和值宿等事。再南一室为祀孔处，内供奉至圣先师及先贤神位，悬高宗御笔匾"与天地参"，每岁元旦至此行礼。皇子六龄入学亦到此行礼。转而西乾清门内迤东庑房为皇子读书的上书房，再西靠乾清门东山墙者为阿哥茶房，即上书房西茶房。

乾清门内迤西庑房，东三间为宫殿监办事处，清顺治时曾名乾清宫执事，为总管太监办事之所，康熙十六年（1677年）后，亦称敬事房，内悬挂康熙御书匾额"敬事房"。置总管、副总管，专司宫内一切事务，负责谕旨及承办内务府各衙门一切文移。再西南书房，亦称南斋，清初曾为皇帝读书处，康熙十六年（1677年）设，于翰林等官员中"择词臣才品兼优者"入值，陪伴皇帝赋诗撰文，写字作画。"非崇班贵檩、上所亲信者不得入"。南书房于光绪二十四年（1898年）撤销。

乾清宫西庑北起3间为懋勤殿，藏贮图史书籍、文房四宝等，以备御用或赏用，悬有乾隆皇帝御笔"基命宥密"，亦为懋勤殿翰林侍值处。康熙皇帝冲龄时曾在此读书；每岁秋谳，刑科覆奏本上，皇帝御殿亲阅档册，亲自勾决，内阁大学士、学士

及刑部堂官皆在此面承谕旨。又南 3 间为批本处,初名红本房,乾隆时改称批本处。凡内阁所拟例行之本章,由批本处接收,交内奏事处进呈,御览后,交批本处用满文缮写,再交内阁抄发。批本处南为月华门。月华门南内奏事处,每日内外臣工所进奏章及呈递之膳牌,由外奏事官接入,交由内奏事太监进呈,得旨后,仍由此交出。明天启年间曾为大太监魏忠贤、王安值房。内奏事处南为尚乘轿,太监首领值房,专司皇帝出入轿舆,承应请轿、随侍及御前坐更等事。以上所述东西庑房原状现无存。

养心殿位于乾清宫西侧,明代嘉靖十六年(1537 年)建,清初顺治皇帝病逝于此。康熙年间,这里曾经作为宫中造办处的作坊,专门制作宫廷御用物品。康熙皇帝逝后,梓宫奉安乾清宫,雍正皇帝在此殿守丧,这里曾作为祭奠之处。时诸大臣皆云,持服二十七日后雍正皇帝应居

乾清宫。雍正皇帝表示:乾清宫乃皇考六十一年所御,朕即居住,心实不忍,故居养心殿,守孝二十七日,以尽朕心。此后养心殿就一直作为清代皇帝的寝宫,一切政务,如批阅奏本、召对引见、宣谕筹划等也都在此进行。雍正皇帝住养心殿,制作宫廷御用物品的养心殿造办处各作坊即逐渐迁出内廷。有记载:雍正五年(1727 年),养心殿匠役作房不足应用,着官房内有可拆的木料移取 10 数间,盖在白虎殿内。至乾隆年间,养心殿造办处全部搬出。养心殿一组建筑经不断的改造、添建,成为一组集召见臣工、处理政务、皇帝读书及居住为一体的多功能建筑群。一直到 1924 年溥仪出宫,清代先后有 8 位皇帝在这里居住。(图 60)

养心殿为独立院落,南北长约 63 米,东西宽约 80 米,占地 5000 平方米,建筑 10 余座,房屋 160 余间。(图 61)南北三

图 60　养心殿外景

图 61　养心殿平面示意图

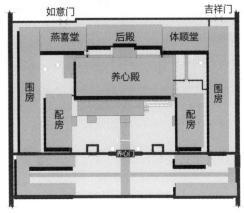

进院，第一进院遵义门至养心门。遵义门
位于内右门内，西一长街西侧，东向，与
月华门相对，明代已有，初曰膳厨门，后
改今名。门内琉璃影壁 1 座，影壁的壁心
为黄琉璃贴砌，中心盒子以绿叶莲花、白
色鹭鸶等彩色琉璃构成画面，生机盎然。
第一进院正中南向为养心门，门前陈设鎏
金狮子一对。门内设有双扇木屏门，正门
两侧各辟卡墙门，为便门。门内为琉璃转
角影壁。门外院落呈东西狭长，乾隆十五
年（1750 年）在此添建连房三座，有房
30 余间，房高不过墙，进深不足 4 米，为

宫中太监、侍卫及官员侍值的值房。

第二进院为正殿养心殿所在地，东西
有配殿。

养心殿为工字形殿，前殿为处理政务
的场所，召见大臣、商议国事等都在这里。
（图 62）前殿面阔三间，通面阔 36 米，进
深 3 间，通进深 12 米。歇山顶，黄琉璃
瓦，明间、西次间接卷棚抱厦。前檐檐柱
位每间各加方柱两根，外观似 9 间。正中
开间稍大，其余各间均设槛墙，上为玻璃
窗，方格支窗。后檐明间正中辟门，两次
间各辟玻璃方窗两个。乾隆年间将殿前御

图 62　养心殿明间内景

路石纹饰雕作升转龙花纹。

殿内明间顶部天花正中设浑金蟠龙藻井，下正中设地平宝座，上悬雍正皇帝御笔"中正仁和"匾。宝座后设屏，屏两侧各开一小门，左曰"恬澈"，右曰"安敦"。门内辟有夹道辗转可至穿堂，后与寝殿相接。

北墙设书格，两侧安板墙壁与两次间相隔，各开 1 门，通东西暖阁。暖阁以板或屏、或碧纱橱隔为数室。雍正皇帝居养心殿时，于夏季七月间在西暖阁和东暖阁寝室内安做拉绳风扇，设有沐浴房。

养心殿东暖阁是皇帝休息和每年举行开笔仪式的地方。清宫元旦开笔之仪，始于雍正皇帝。每逢元旦，在养心殿东暖阁桌案上陈设盛有屠苏酒的"金瓯永固"杯（图 63）和刻有"万年青"字样的毛笔，皇帝于子时到此，先用笔，后染墨翰，各书吉祥用语数字，以祈一年之福。咸丰十一年十一月初一日，同治皇帝载淳年幼即位，两宫皇太后携载淳于养心殿东暖阁垂帘听政，设两太后宝座于皇帝宝座之后，中间以八扇黄屏风隔开。为使此举更具合法性，恭亲王等人还制定了《垂帘章程》。至同治十二年（1873 年），载淳已成年，两宫皇太后被迫撤帘归政。光绪年间慈安、慈禧两太后再次垂帘听政。现在仍保留着慈禧垂帘听政的原状。（图 64）

东暖阁后室亦为 2 间，东 1 间小室，

图 63　"金瓯永固"杯

无窗，内有仙楼，原为供佛之处，室内有床，为皇帝养心殿斋戒时的寝室。《国朝宫史》载："皇帝斋戒之礼，恭遇祀宗庙、社稷斋戒三日，群祀斋戒二日，并于养心殿。"皇帝斋戒，若不亲宿斋宫，即在养心殿的前殿东侧一个小寝室内致斋。养心殿斋戒，除刑部外，其余各衙门照常进本章，以防事件积压。

养心殿西暖阁前后隔为数室。西次间前室为"勤政亲贤"殿，北设宝座，为皇帝看阅奏折、召见大臣之所。为保守秘密，窗外设有木围屏相隔。前室梢间内有一小室，原名曰"温室"，为皇帝读书处。乾隆年间，乾隆皇帝将王羲之《快雪时晴帖》、王献之《中秋帖》、王珣《伯远帖》

图 64　养心殿东暖阁垂帘听政处

视为稀世之珍收藏于此，易名"三希堂"。小室临窗设地炕，炕上宝座面西，东墙上悬有乾隆御书"三希堂"匾。（图 65）堂后室，以蓝白两色几何纹图案方瓷砖铺地，西墙上通天地贴落《人物观花图》，为乾隆三十年（1765 年）宫廷画家郎士宁、金廷标合画，画中模仿的室内装修及地面与建筑连为一体。东墙有小门通勤政亲贤殿。"勤政亲贤"殿东为夹道，有门通后室。后室亦隔有小室，西室曰"长春书屋"，东室曰"无倦斋"。乾隆年在此设仙楼，建佛堂。乾隆三十九年（1774 年），在养心殿西山添建耳殿一间，曰"梅坞"，辟门通佛堂，室内前檐支窗、横披窗，西山窗，均以梅纹装饰。

养心殿东西有配殿各五间，明代曰"履仁斋"、"一德轩"。清代内供佛像，此处佛堂历年久远，相沿至今，仍保存原状。

第三进院为后寝宫及东西围房，多为后、妃、嫔等临时居住之室。北宫墙东西辟有两小门，东曰吉祥，西曰如意，为通向内廷西六宫各处的便门。

从养心殿明间后檐过穿堂可至后殿。后殿是皇帝的寝宫，共有五间，东西梢间为寝室，各设有床帐，皇帝可随意居住。（图 66、67）

图 65　三希堂内景

图 66　养心殿后殿内景

图 67　养心殿后殿东暖阁皇帝的寝室

后殿两侧各有耳房五间，曰体顺堂、燕禧堂。

体顺堂，明代已建，称隆禧馆。雍正后稍有修葺。清咸丰二年改名曰绥履殿，咸丰十一年（1861年）修绥履殿，将东尽间宝座床挪至明间，顺山安床。同治九年曾改称同和殿，光绪年改称体顺堂。堂前悬有铃"慈禧皇太后御笔之宝"的体顺堂匾。为皇后随居之处。（图 68、69）

燕禧堂，明代已建，称臻祥馆。清雍正以后为嫔妃等临侍时居住。咸丰二年改

称平安室，同治九年改称燕喜堂。（图 70）慈禧于咸丰四年晋懿嫔，之后晋为懿妃、懿贵妃，临侍时均在此居住。

同治初年，两宫皇太后垂帘听政，后殿东西耳房为慈安、慈禧太后处理政务之余临时休息之处。

耳房两侧有东西向围房 10 余间，围成两个小院，房间较小，室内设床，置桌，摆设珍玩，陈设简单。供妃嫔等随侍时居住。

养心殿南院大连房一座，乾隆年间在

图68　体顺堂内景

此设御膳房，有厨役近70人，专司帝后及妃嫔们的日常膳食。

1911年辛亥革命后，由隆裕皇太后主持在养心殿召开御前会议。1912年2月12日宣布宣统皇帝退位。

紧邻后三宫的东西两侧，有12座方正规矩的院落，这里就是供妃嫔们居住的东西六宫。（图71）六宫之制自周代就开始确立，有"礼教六宫"的记载，妇人们称寝叫宫，因此六宫也就统指后妃们居住的地方。东西六宫占地约32000多平方米，

图69　"体顺堂"匾

图70　"燕喜堂"匾

图 71　东六宫鸟瞰

由纵横相交的街巷分隔，构成了条条街巷、座座门墙相通又相隔的布局规整而又严谨封闭的空间。明代妃嫔们都居住在这里。清代规定：皇后居中宫，主内治；皇贵妃1名、贵妃2名、妃4名、嫔6名，分居12宫，辅助皇后内治；另设贵人、常在、答应，数额不限，随妃、嫔等人分居12宫，于宫中勤修内职。清代雍正皇帝移居养心殿后，皇后也选择东西六宫的某一宫居住。乾隆六年，皇帝为后妃居住的宫室写匾11面，加上永寿宫原有的一面，共12面，分别悬挂于12宫，并规定，自此之后，至千万年不可擅动，即或妃、嫔移住别宫，

亦不可带往更换。匾的内容为"仪昭淑慎"、"赞德宫闱"、"敬修内则"等，告诫皇后要以道德来统率众妃嫔，后妃之间要和睦相处，要恪守仁义道德，不要忘记妇道本分。当年康熙皇帝的生母佟佳氏曾居住在景仁宫，雍正皇帝的生母乌雅氏居住过永和宫。钟粹宫在明代一度为皇太子宫。清咸丰皇帝奕詝幼年在此居住，17岁时才移出。道光皇贵妃，即恭亲王奕訢之母亦居此宫，代为抚育奕詝。

东西六宫建筑及格局在清后期略有变化。

道光二十五年（1845年）五月二十

二日亥初（亥时 21 ~ 23 点），东六宫之一的延禧宫失火。火从设在延禧宫前院东配殿的厨房燃起，时总管太监以及伙班官兵扑救不及，烧毁延禧宫前后殿及东西配殿共 25 间。

同治十一年（1872 年）曾议复建延禧宫。后因方向有碍，库款支绌，未能实现。

宣统元年（1909 年）在延禧宫原址兴工修建一座 3 层西洋式建筑——水殿。《清宫词》记：水殿以铜作栋，汉白玉砌成，外墙雕花，内墙贴有白色和花色瓷砖，玻璃墙之夹层中置水蓄鱼，底层地板亦为玻璃制成，池中游鱼一一可数，荷藻参差，青翠如画。隆裕太后题匾额曰"灵沼轩"，俗称"水晶宫"。

宣统二年（1910 年）六月，隆裕太后还曾下令西苑电灯公所给延禧宫安装电暖炉、电风扇并添安电灯。因国库空虚，直至宣统三年（1911 年）冬"灵沼轩"尚未完工，后被迫停建。

1931 年，中华教育文化基金会和中法教育基金会捐款 25 万元，资助故宫博物院在延禧宫原址兴工修建大型文物库房。该库房为钢筋水泥结构，上下二层，为与周围宫殿相协调，外形采用传统建筑形式，屋顶覆以黄色琉璃瓦。延禧宫库房修建工程自 1931 年 6 月 25 日开始，至年底基本完工，使用面积约 1500 平方米。该库房建成后，故宫博物院所藏珍贵文物多集中其间，后长期作为书画藏品库。

2005 年，故宫博物院建院 80 周年之际，在延禧宫举行了古书画研究中心和古陶瓷研究中心成立大会，古书画中心的"十年入藏书画精品展"、《清明上河图》专题展——宋代风俗画展"，古陶瓷研究中心的"故宫博物院藏清代御窑瓷器展"以及"故宫博物院藏中国古代窑址标本展"轰动一时。

西六宫格局改变较大。咸丰九年和光绪十年有两次大的改建，打破了自明初以来的各宫院独立的格局。咸丰九年（1859 年）拆除了长春宫的宫门长春门，并将前院启祥宫的后殿改为穿堂殿，咸丰帝题额曰"体元殿"，长春宫、启祥宫两宫院由此连通。同治十二年（1873 年），为贺慈禧太后四十寿辰，重修长春宫，添建两侧游廊。光绪十年（1884 年）为慈禧太后五十寿辰，耗银 63 万两对储秀宫进行了较大的修缮改建，拆除了储秀宫原有宫门，将储秀宫前的翊坤宫后殿改为穿堂殿，连通了储秀宫与翊坤宫。（图 72、73）

改建后的翊坤宫，前设"光明盛昌"屏门，殿前陈设铜凤、铜鹤、铜炉各一对。装修隔扇均饰万字团寿纹。室内明间正中设地平宝座、屏风、香几、宫扇，上悬慈禧太后御笔"有容德大"匾。翊坤宫后殿额曰"体和殿"。

储秀宫装修隔扇门窗均用楠木雕成，

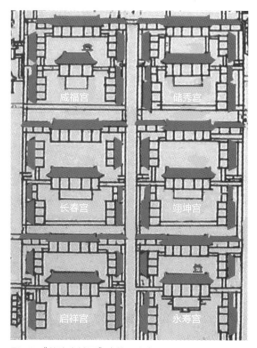

图 72 《乾隆京城图》中的西六宫

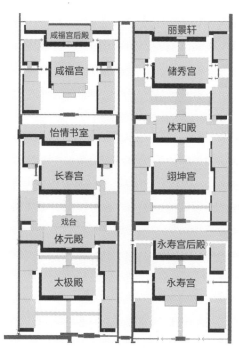

图 73 光绪年改建后的西六宫平面示意图

图 74 储秀宫外景

图 75　储秀宫内景

饰万字锦、五蝠捧寿、万福万寿、万字团寿纹。正殿与东、西配殿前出廊加转角游廊与体和殿后游廊相连。游廊墙壁上镶贴的琉璃烧制的万寿无疆赋，是众臣为祝慈禧太后 50 寿辰所撰。院内陈设铜龙、铜鹿各一对，亦为光绪十年增设。室内以花梨木碧纱橱、花罩间隔，装修极为精美。（图 74 、75）

储秀宫后殿的丽景轩，原名思顺斋。慈禧初进宫时住在储秀宫，在此生载淳。光绪十年（1884 年），慈禧以皇太后的身份再次移住储秀宫时，重新修缮，并定名曰"丽景轩"。清晚期室内建有小戏台。清逊帝溥仪时曾在此举办西餐宴会。（图 76）

储秀宫、翊坤宫经光绪十年（1884 年）

图 76　丽景轩夜景

改建，成为东西六宫中装饰最为考究华丽的宫殿，所饰苏式彩画，一改宫殿建筑和玺、旋子彩画的庄重，充满了和谐、活泼的生活气息。亦成为内廷东西六宫中最为实用的宫院，留下了大量的宫廷史迹，成为晚清宫廷生活的代表。

六、特殊居室

紫禁城内除了帝王朝政和帝后、妃嫔们居住的宫室外，还有专为皇太后、太上皇、皇子们居住生活建造的宫殿。

皇太后作为皇帝的母亲，或一同居住在宫中或另辟宫室的情况在历史上都不乏有之。元代皇太后居住的隆福宫和皇子住的兴圣宫建在大内外以西太液池的西岸，与大内隔海相望。明代，将太后宫安排在紫禁城内廷的东西两侧。

内廷西部，经明清两代始建、改建、添建，形成了以慈宁宫为正宫的供皇太后及太妃嫔们居住的区域，包括供居住的慈宁宫、寿安宫、寿康宫，寿东宫、中宫、西宫，寿头所、二所、三所，礼佛敬佛的大佛堂、英华殿，及慈宁宫花园。前朝皇帝归天后，他们的遗孀们从东西六宫移居到这个区域居住，构成了一个占地约六万平方米的、寂静而又冷清的寡妇世界。

在太后生活区域内，慈宁宫因皇太后圣寿节、上徽号、进册宝、公主下嫁等重大典礼活动，均在此处举行庆贺仪式，遂成为皇太后的正宫。（图77）清代顺治十年重修后，孝庄皇后始居慈宁宫，太妃、太嫔等人随居。乾隆三十四年（1769年）兴工将慈宁宫正殿单檐改为重檐，并将后寝殿后移，始定今之形制。清代满蒙联姻，后妃中多为蒙古人，故慈宁宫的门殿匾额为满、蒙、汉三种文字，在紫禁城内亦为罕见。（图78）

清代逢皇太后圣寿节举行宴仪，皇帝、皇后分率王公大臣、王妃命妇等在此行礼朝贺。皇太后在慈宁宫中赐宴皇后、皇贵妃等。乾隆十六年（1751年）十一月二十五日，乾隆皇帝在慈宁宫行祝寿礼，庆贺母亲崇庆皇太后六十寿辰。皇帝率诸王大臣向皇太后行三跪九拜礼；皇后率内廷各妃嫔、公主、福晋和大臣命妇向皇太后行六肃三跪二拜礼；皇子、皇孙向皇太后行三跪九叩礼。皇帝与近支皇室人等一同起舞称贺，礼节十分隆重，绘于清乾隆年间的《慈宁燕喜图》描

图 77　慈宁宫

绘了这一场面。（图 79）崇庆皇太后七十寿辰举办的圣寿宴最为隆重。庆寿 10 天期间，每天早晚膳皇帝率后妃等人侍宴，乾隆帝还身着彩衣捧觞贺寿，起舞助兴。

图 78　"慈宁宫"匾

每年正月十六日，皇太后在慈宁宫宴请下嫁外藩的公主、郡主及蒙古王公的福晋、夫人等。届时，皇后、妃嫔，诸王、贝勒、贝子、公等诸位夫人们，满洲一品大臣的命妇们都前来赴宴。公主订婚或是下嫁，皇太后还要在慈宁宫设宴款待额驸的母亲和家族中的夫人们，以结两家之好。

这些隆重而欢快的喜庆筵宴，为寡妇院中孤寂的生活带来一点欢乐。

按照内廷主位的宫分，即待遇，皇太后每年可得黄金二十两，银两千两，另有各种绸缎一百多匹，兽皮一百多条，平日茶饭不愁。皇太后宫设有自己的茶房、膳房，称寿茶房、寿膳房。寿茶房负责皇太后日用茶点、瓜果、人乳、牛乳、南糖、零吃制作等事。寿膳房下设五局即荤局、

图 79 《慈宁燕喜图》(清乾隆年绘)

素局、点心局、饭局、百合局，附有小厨房，名"野味厨房"，专供太后宫使用。地位较低的太妃嫔们，宫分微薄，生活困窘之时，将自己私下做的针线活交与太监偷带出宫，拿到市上兑换些钱，聊以度日。

遇皇太后生病，皇帝每日去太后宫问安视药。皇太后去世，梓宫奉安慈宁宫，皇帝到此行祭奠礼。康熙二十六年（1687年），康熙皇帝谕："朕自太皇太后违豫以来，日侍左右，检方调药，亲侍饮馔，太皇太后宁憩之时，朕惟隔幔静俟，席地危坐，一闻声息，即趋至榻前，凡有所需，手奉以进。"太皇太后（孝庄文皇后）崩，梓宫奉安慈宁宫正殿，康熙皇帝哭踊视殓，割辫服衰，居慈宁宫庐次。乾隆年崇庆皇太后（乾隆帝生母）、道光年恭慈皇太后、咸丰年康慈皇太后逝后，均奉安梓宫于慈宁宫，皇帝每日祭醊。

慈宁宫后殿原为皇太后的寝宫，清乾隆年间兴修慈宁宫时，将寝殿改为佛堂，称大佛堂，是皇太后做佛事的重要场所。

大佛堂面阔 7 间，每间开门，殿前月台与慈宁宫相接，台上陈设香炉、香筒。殿内装修考究，陈设佛龛、供案、佛塔、佛像、经卷、法物、供器等。其中传为元代塑制的干漆夹三世佛与十八罗汉像，为传世塑像中的精品。殿内原悬清康熙皇帝御书"万寿无疆"匾，乾隆皇帝御书"百八年尼现庄严宝相，三千薝蔔闻清净妙音"、

"人天功德三摩地，龙象威神两足尊"联两副。大佛堂内的塑像、陈设等，曾于 20 世纪 70 年代暂借予洛阳白马寺小殿内安供，尚未归还。

清代为太后、太妃等日常礼佛专设太监 30 多人，其内多充当喇嘛，负责大佛堂的日常洒扫、上香、念经等事宜。

慈宁宫西侧的寿康宫，建于清雍正十三年（1735 年）十二月，是乾隆皇帝为其母亲崇庆皇太后新建的一座太后宫殿。乾隆元年（1736 年）十月建成。（图 80）

寿康宫南北三进院，院墙外东、西、北三面均有夹道。院落南端寿康门为寿康宫正门，门前为一个封闭的小广场，广场东侧是徽音右门，东出即慈宁宫院。正殿寿康宫，内悬乾隆皇帝御书"慈寿凝禧"匾。东西梢间为暖阁，东暖阁是皇太后日常礼佛之佛堂。寿康宫以北是第二进院，后殿为寿康宫的寝殿，额曰"长乐敷华"，有甬道与寿康宫相连。后檐明间接叠落穿廊与后罩房相连，成为工字殿形式。（图 81）

寿康宫建成后一直是清代皇太后的居所，皇帝每隔两三日即至此行问安礼。乾隆朝崇庆皇太后、嘉庆朝颖贵太妃、道光朝恭慈皇太后、咸丰朝康慈皇太后、光绪朝敦宜皇贵妃（同治妃），都曾在此颐养天年。崇庆皇太后去世后，乾隆皇帝仍于每年圣诞令节及上元节前一日至寿康宫拈香礼拜，瞻仰宝座，以申哀慕之情。道光

图 80　寿康宫外景

图 81　叠落穿廊

二十九年（1849年）皇太后（嘉庆孝和皇后）逝于此宫。光绪元年（1875年）嘉顺皇后崩，奉移寿康宫殓奠。

　　慈宁宫北东西长巷北侧，有三座横向排列的院落，称东宫、中宫、西宫，慈宁宫东侧南北排列的三个院落称头所、二所、三所，均为太妃、太嫔们居住。有光绪朝嫔（同治嫔）居头所，冶妃（同治妃）居二所，敷妃（道光妃）居三所，祺贵妃（道光妃）居东宫殿，婉贵妃（道光妃）居中宫殿，瑜妃（同治妃）居西宫殿的记载。

　　寿康宫以北为寿安宫，明代所建，初曰咸熙宫，明嘉靖十四年（1535年）改曰咸安宫，是皇太后及太妃、嫔等人的居所。明代仁圣太后曾在此居住。天启年间，客氏（天启皇帝乳母）也住过咸安宫。此期间，每逢客氏生日，天启皇帝都要亲临咸安宫升座、祝贺。清康熙二十一年（1682年）改为宁寿宫，二十七年（1688年）复旧称。康熙皇帝曾两次将废太子允礽拘禁在咸安宫。清康熙十四年（1675年），康熙皇帝的第二子允礽被立为皇太子。康熙四十七年（1708年），"因允礽行事与人大不同类，狂易之疾，似有鬼物"，因而废太子称号，将其监禁在咸安宫。四十八年（1709年），允礽复立为皇太子。五十一年（1712年）再次废掉，重又因于咸安宫。雍正继位后，

将其兄允礽移往宫外居住，咸安宫闲置不用。雍正六年（1728年）在此地设立官学，称咸安宫官学。清乾隆十六年（1751年），高宗为崇庆皇太后举办六十万寿庆典，将官学迁出，改建咸安宫，称寿安宫。（图82）乾隆二十五年（1760年），高宗为给皇太后举办七十万寿庆典，兴工在寿安宫院内添建戏台等。时前为春禧殿，后为寿安宫，左右延楼回抱相属，殿前有山石、小廊；宫后院壶天之地游廊曲折，叠石为山，间植花木，为寿安宫小花园。（图83）乾隆十六年（1751年）、二十六年（1761年），乾隆母（孝圣宪皇后）六十、七十大寿时，乾隆皇帝亲率皇后、皇子、皇孙等人至此跪问起居，进茶侍膳，于堂前跳"喜起舞"贺寿，并于宫中设宴，王公、大臣及王妃、公主分坐于东西两侧延楼中，陪同赏戏。

　　清后期，太妃、太嫔等在此居住。

　　崇庆皇太后逝世后，寿安宫戏台便逐渐荒废。嘉庆四年（1799年）拆去寿安宫戏台，扮戏楼改建为春禧殿后卷殿。嘉庆五年以后至清末，寿安宫的部分房屋一直为南府升平署用作收贮存放行头、切末使用。现为故宫博物院图书馆。

　　寿安宫北一处幽静的院落，即为明代所建的汉佛堂英华殿，专供皇太后、皇后在此礼佛。

　　太上皇宫殿是在特定的历史条件下

图 82　寿安宫全景

图 83　寿安宫花园一角

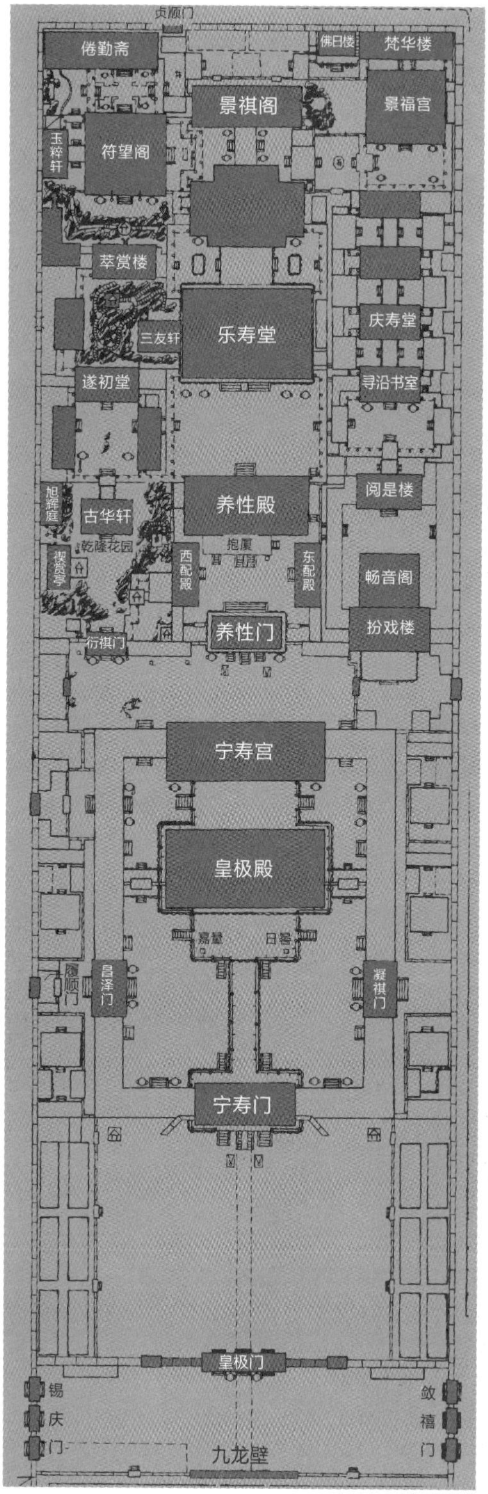

图 84　宁寿宫总平面图

形成的一处特殊的建筑。历史上太上皇帝为数甚少，明清两代曾经有 24 个皇帝在紫禁城居住，做了太上皇的却只有清代乾隆皇帝一人。乾隆三十五年（1770年），乾隆皇帝为履行自己在位不超过其祖父康熙六十一年的诺言，决定在宫中建立太上皇宫殿，作为自己退位后颐养天年的地方。太上皇宫址选在内廷外东路原为皇太后居住的宁寿宫，三十六年动工，历时五年完成，占地约 50000 平方米。太上皇宫分前后两部分，前半部仿照外朝太和殿和内廷坤宁宫，建有皇极殿、宁寿宫；后半部又分为左中右三路，中一路建有养性殿、乐寿堂、颐和轩、景祺阁等，作为起居之所。东一路建有畅音阁大戏台和佛楼等，西一路为花园。全组建筑规划有致，布局合理，建筑精美，可谓紫禁城建筑的缩影。（图 84）

嘉庆元年（1796 年）元旦举行授受大典，于正月初四日在皇极殿举行了盛大的千叟宴。（图 85）与宴者为 70 岁以上的王公、百官、兵、民、匠役等共 3056 人，另有未入宴、只列名邀赏的 5000 人。并有朝鲜、暹罗（今泰国）、安南（今越南）、廓尔喀（今尼泊尔）四国参加贺礼的使臣。席间，太上皇召 90 岁以上的老人及王公、一品大臣至宝座前跪，太上皇亲手赐卮酒，并命皇子、皇孙、皇曾孙、皇玄孙在殿内给王公大臣行酒，侍卫等给百官及众叟行酒，讲馔时演承应宴戏。管宴大臣分别颁发诗刻、如意、寿杖、朝珠、缯练、貂皮、文玩、银牌等赐物。并赏给106岁的熊国沛、100岁的邱成龙六品顶戴，赏90岁以上百岁以下老年兵丁等七品顶戴，以显示清廷的"优老"政策。

退位后，乾隆皇帝仍住在养心殿把持着朝政大权，直至嘉庆四年（1799年）去世，也未曾在宁寿宫居住过。太上皇虽然只有一位，但太上皇的宫殿却始终依照乾隆之制，保持原貌。倒是光绪年间，清廷为庆贺慈禧太后六十寿诞，拨白银60万两重修宁寿宫，慈禧以皇太后的身份住在宁寿宫的乐寿堂。（图86）

光绪二十年（1894年）在皇极殿行慈禧六十寿辰贺礼。光绪三十年（1904年）慈禧太后七十寿辰前后，在此分别接见奥、美等9国使臣，接受外国使臣祝贺。光绪三十四年（1908年），慈禧去世，曾在此停灵、治丧。

紫禁城内明清两代都建有太子居住的宫室，《礼记·内则》载"父子皆异宫……"，指父子不可同居一处。宫殿建筑都单独建有太子居住的宫室，设在东边，称为东宫。紫禁城中太子居住的宫室，在明代初建时，皇子居住在乾东五所，乾西五所。皇太子曾居住在咸阳宫即东六宫的钟粹宫，后在文华殿东北建有太子居住的宫殿称端本宫。

清代乾隆帝做太子时居住在乾西二所，即位后升为重华宫，乾东五所及毓庆宫为

图85　皇极殿

图 86　乐寿堂内景

图 87　南三所全景

幼年皇子居住之所。也有例外，咸丰皇帝幼年一直住在钟粹宫，17 岁时才移出。乾隆十二年，在明代端敬殿、端本宫旧址上建阿哥住所，称撷芳殿，也称南三所，是为清代的东宫。三所为左中右三座院落，每院落各有三座正殿及配殿、耳房等，共有房间 270 多间。三所位于紫禁城东部，以位东色为青者，房屋建筑均为绿琉璃瓦顶（图 87）。乾隆以后阿哥娶福晋（妻），也在三所举行仪式，并设宴款待男女来宾。在箭亭前设筵宴，款待男宾，女眷们则安排在三所大门内的东西厢房筵宴。阿哥婚娶也是宫中大事，热闹非常。阿哥婚后暂住宫中，另建府第后即移出宫中，结束在紫禁城内的生活。

阿哥所也有祭神之处，称之为神房，保持着满族家祭的传统风俗。皇子大婚后即移在三所居住。其中所撷芳殿曾是嘉庆皇帝的潜邸。道光、咸丰两帝即位前也曾在此居住。

清代皇太子宫称毓庆宫，始建于清康熙十八年（1679），位于内廷东路奉先殿与斋宫之间，为明代奉慈等殿旧址。乾隆

图 88　毓庆宫

图89　"味余书室"

五十九年（1794年）重修并添建；嘉庆六年（1801年）续添建。（图88）

　　宫为四进院，第二进院正殿曰惇本殿，殿内明间悬乾隆皇帝御书匾曰"笃祜繁禧"，为乾隆六十年（1795年）公开立颙琰为皇太子时乾隆皇帝所赐。是年十月皇太子千秋节曾御此殿受贺。光绪年间，惇本殿的西配殿曾为皇帝师傅的值庐。

　　第三进院内为工字殿，前殿额悬匾曰"毓庆宫"，后殿"继德堂"西次间为藏书室，嘉庆年间，将阮元做浙江巡抚时进《四库全书》未收之书百种，贮于此室，嘉庆皇帝赐名"宛委别藏"。后殿东次室原为书房，嘉庆皇帝御书匾曰"味余书室"（图89），有《味余书室记略》。即位后，这里作为斋宿之室。余味书室又东一室，嘉庆皇帝御

题匾曰"知不足斋"。再东山墙接耳房一间，与围房相通。后殿室内以隔断分隔出小室数间，其门真假难辨，因有小迷宫之称。

　　毓庆宫原是康熙皇帝为皇太子允礽特建。康熙六十一年，12岁的弘历入居此宫，17岁成婚后移居乾西二所。嘉庆皇帝5岁时曾与兄弟子侄等人居于此宫，后迁往撷芳殿。嘉庆元年（1796年），嘉庆皇帝即位后，在乾隆皇帝训政三年期间，仍在此宫居住。同治、光绪两朝，此宫为幼年皇帝读书处。光绪皇帝亦曾在此居住。

　　被清皇室聘为溥仪英文教师的庄士敦（1874～1938年），在宫中授课地点即毓庆宫。逊帝溥仪深受庄士敦的影响，同时也很欣赏庄士敦，曾赐他头品顶戴、毓庆宫行走、紫禁城内赏乘二人肩舆等殊荣。

七、他坦下房

他坦、下房是太监和宫女们在宫中的住房。

太监和宫女为帝王及其家族视为专供皇室役用的家奴，他（她）们中的大多数生活在宫中最低层，备受轻视和奴役。

太监是失去性功能后在宫廷内侍奉皇族成员的男性奴仆，是一个受摧残侮辱而又地位卑微的群体，是适应封建宫闱生活需要的特殊产物。太监入宫要经过严格的挑选，一旦进入宫中，就要终生为奴。

清代对太监的管理十分严厉。清初沿用宦官，归内务府管辖。顺治十年（1653年）在内官吴良辅唆使下，以内务府事务繁多，需另设机构办理为由，撤内务府，设置十三衙门，分管皇家事务。顺治十二年命工部铸铁牌，书皇帝敕谕："中官之设虽自古不废，然任使失宜遂贻祸乱。近如明朝王振、汪直、曹吉祥、刘瑾、魏忠贤等，专擅威权，干预朝政，……以致国事日非，覆败相寻，足为鉴戒。朕今裁定内官衙门及员数，执掌，法制甚明，以后但有犯法

干政、窃权纳贿、嘱托内外衙门、交结满汉官员、越分擅奏外事、上言官吏贤否者，即行凌迟处死，定不姑贷。特立铁牌，世世遵守。"铁牌立于交泰殿内，警示后宫太监不得干预朝政。

康熙即位，为防太监专权祸国，废除十三衙门，恢复内务府总理宫禁一切事务。即所谓"收宦官之权，归之旗下。"康熙十六年（1677年），又设专管宫内一切事务及管理太监、宫女的机构"宫殿监办事处"，又名"敬事房"（图90、91），管理皇帝、后妃、皇子、公主的生活，负责宫内陈设、打扫、守卫、传奉内务府方面的谕旨，办理与内务府各衙门的往来文件等事。这是清代自康熙朝以后唯一的宦官机构，康熙皇帝亲书"敬事房"匾挂于敬事房内，并设有总管、副总管。康熙六十一年（1722年）定敬事房五品总管一名，太监五品三名、六品二名，清朝授太监职衔从此开始。

雍正元年（1723年），定敬事房大总管授四品职衔，副总管授六品职衔，随侍

图 90　北五所敬事房院

图 91　"敬事房"匾（慈禧御笔）

等处首领授七品职衔，宫殿等处首领授八品职衔；雍正四年（1726 年），又定敬事房正四品大总管为宫殿监督领侍衔，从四品大总管为宫殿监正侍衔，六品副总管为宫殿监副侍衔，七品首领为执守侍衔，八品首领为侍监衔。雍正八年（1730 年）定太监等职衔不分正从。

乾隆七年，钦定太监凡例，内有太监品级的限定，如以四品为定，再不加至三品二品以至头品；太监所食俱按钦定现行则例内额数，不许增添；所定太监等各项额缺已属从优，以后非有别故，不得擅行奏请增添等。

清代宫中使用太监，最初没有定数。

乾隆十六年（1751 年）将太监额数定为 3300 名。到乾隆中期，太监额数，不包括无定额部分，共为 2717 人，其中有总管、副总管及首领、副首领等有职衔的太监官员达 444 人。至嘉庆、道光宫中太监人数从 2600 多降至 2200 多。咸丰年将额定太监人数改为 2500 名。清末，同治、光绪年宫中使用太监人数在 1500 ~ 1600 人左右，远未达到定额。（图 92）

几千个的太监进到宫中，大多数人充当着宫中的苦役、杂役，也需要为这些太监提供居住的条件。清宫中将太监居住的地方称之为"他坦"，汉义为窝铺、住处，居住条件简陋。如果有幸分配到各宫侍奉帝后、妃嫔等，就可以随主人居住在宫中的配房或耳房，负责本宫的陈设、洒扫、承应、传取、坐更等事，生活、居住条件

也会有所改变。由于侍奉的主人地位不同，干的差事不同，太监中也有等级之分。如果在宫中服役 30 年以上，且无任何过失，忠正老实者，可以入选各处的首领太监，负责各宫事务。首领太监挑选极为严格，当上首领太监，地位和俸禄都会提高，居住条件也会相应改善。（图 93）

敬事房总管职衔四品，每月食银八两，米八斛，是乾隆年所定的太监中最高待遇。清朝末年，大太监李连英受慈禧太后的宠用，先后提拔为首领太监、副总管、总管，在宫

图 92　清末太监

中独辟一院，作为他的居住之所，又破格加赏二品顶戴，权倾一时。作为皇家的大管家，其地位之崇，职权之大，特殊的宠遇和地位，为众多太监所望尘莫及。（图94）

专供宫中女眷使用的奴仆称宫女，清代每年选一次，内务府所属管领下的旗民女子，年满13岁都可入选。选入宫后即分配到后宫，上自皇太后、皇后，下至常在、答应，都使用宫女。不过所用人数多寡则要依照各宫主位地位的高低，按制配给。如皇后位下宫女10名；皇贵妃、贵妃位下8名；妃、嫔位下各6名；贵人位下4名；常在位下3名；答应位下2名。皇太后位下最多，可用至12名。宫女主要侍奉主人日常的起居生活，吃住都随各宫，住的是距离主人住房较近的配房或耳房，以便随唤随到。（图95）宫女们称自己住的房子叫"下房"，多是几人同居一室，一张连铺，间或墙上钉个架子，放些个人使用的物品或小箱之类，居住条件也很简陋。

太监和宫女同是宫中的奴仆，地位差异较小，且接触最多。明代规定宫女入宫

图93　太监们住的配殿耳房（景仁宫前殿东配殿及北耳房）

图94　总管值房

图95　宫女们住的后殿耳房（钟粹宫后殿西配殿）

后永远不许出宫，因此有太监与宫女结为伉俪者，称为"对食"或"菜户"。清代对太监的管理十分严格，不许宫女与太监认亲戚；

不许相互谈话或嬉笑喧哗；太监、宫女行路相遇，要让宫女先走，不许争路。在各宫的首领、太监，无事不许在主屋内久立或闲谈。

图 96　钟粹宫西卡墙门连通后院

如果同在一个宫内侍奉同一位主人，太监多住在前院的配房，而宫女则住在后院，也要保持一定距离。（图 96）清朝规定，宫中所用女子,年满 25 岁即可遣还本家,任凭婚嫁。但在出宫以前，都要受到宫规的严格管理，其居住条件多不会改变。

八、采暖防暑

　　帝后寝宫以及内廷建筑主要用于日常生活和居住，因此建筑的冬季取暖和夏季防暑是很必要的。就宫殿建筑本身而言，大屋顶的形式本身具备了一定的遮阳纳光的功能。以朝南的北房为例，北京地区夏季中午太阳高度角为76°，冬季中午太阳高度角为27°，根据冬夏季日影的角度设计出檐与柱高的尺度，出檐与柱高基本上是柱高一丈，出檐三尺关系，或采用出檐为柱高的1/3的做法，建筑出檐恰好得以在冬至前后阳光满室，夏至前后屋檐遮阴，加之墙壁、屋顶的厚度，使紫禁城内的房屋具有冬暖夏凉的效果。（图97）除了建筑的自身特点外，皇家建筑取暖和防暑设施也是十分讲究，颇有特色。除了每年冬季按各宫主位等级份例给予必要的取暖用

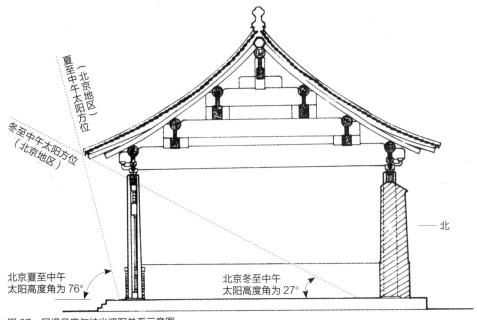

图 97　屋檐尺度与纳光遮阳关系示意图

的木炭和添设一些炭炉外，就建筑本身也有着一定的取暖和保暖的措施。

六宫中凡是安有床位的房间，一般在地砖下设有火道。火道口一般在房屋的前檐室外，紧挨槛墙，上铺木板或方砖遮盖，用时打开。（图98）烧火时，烟火顺着地下烟道迂迴至檐下台阶的出烟口排出。火道铺设很科学，火道砖多由城砖砍成方形或圆形，间隔排列，上面铺墁方砖。火道砖排列的距离必须适中，既要保证烟道畅通，又要保证承受地面砖层的压力，不致坍塌。烟道口上铺设方形铁砖，既耐火又可承受槛墙的压力。烟道自入口至出口有一定的坡度，入口处较深，利于燃烧，使得火势较旺。初入口处烟道较宽，是为主干道，坡度较大，两侧又分出若干条支干道，左右对称，坡度稍缓。支干道与一般烟道相连，烟火顺主干道斜坡上升分至各支干道再至一般烟道最后从出烟口排出。由于是一条主干道对称分出多条支干道，形象很像蜈蚣，因此这种形式铺成的烟道又称为"蜈蚣道"（图99），是宫中使用较

图98　设在房屋檐下的火道口

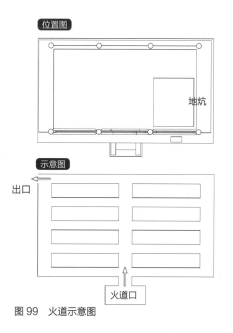

图99　火道示意图

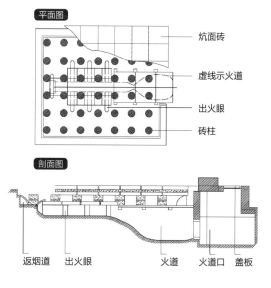

图 100　坤宁宫西暖殿后的烟囱

的保暖措施也是很重要的。一般在暖阁和其他房间之间加设隔断设施,如木板隔断、砖墙、碧纱橱等,以达到保暖的效果。其他房间如冬季使用,室内要添设炭炉,烧木炭取暖。明代内府有管理宫中所用柴炭的机构——红箩厂,所备木炭皆易州一带山中硬木烧成,每根长一尺左右,径二三寸,因用刷红土的小荆筐盛之,故称"红箩炭"。"红箩炭"气暖而耐烧,灰白而不爆,热度高且烟气小,是为冬季取暖的主要燃料。

此外,室内装修也可冬夏季两换,夏季装修为木雕自然式花罩,通风性好,装饰性强;到了冬季,就要换上碧纱橱类的隔扇门式的装修,使间与间之间少有对流,以保持室内温度。再如冬季挂棉门帘,窗格糊高丽纸等,都是保持室内温度的措施。

在寝室内的墙壁添安一道木板墙,是既防潮又保温的一种实用性很强的措施。这种板墙用材主要是杉木,要求板墙与墙壁同高,铺设时表面平整,不露砖壁,铺好后在板墙外裱糊墙纸若干层,不露缝隙,效果极佳。有板墙的砖墙里层都不再抹灰。墙板安设的位置根据使用的要求而定。如储秀宫正殿的东西梢间作为寝室,它的后檐墙及山墙都铺设了木板墙,而储秀宫后寝殿丽景轩,在咸丰时曾是嫔妃、贵人等多人共同居住

多的一种。由于烟道中的烟火温度很高,熏烫地面砖产生热量,使得室内温度上升,达到取暖的要求。火道取暖,烟火走地下,且烧火在室外,室内既温暖、又干净,是六宫中冬季最主要的取暖措施。清代虽然皇帝常居住在宫外的圆明园、热河等处,但冬季一般都要回到宫内居住,因此六宫中的火道使用率也是很高的。火道入口也有设在内檐的,这要看室内使用情况而定。(图100)

有火道且间隔出来的房间又称为暖阁,多作为寝室。由于烟道内的烟火热度在讦洞过程中逐渐变凉,因此室内地面上

的寝殿，间间设床，有的甚至前后檐设床，因此五间后檐及两山墙都铺设了板墙。由于木材温差变化不大，保温性好，所以在寝室内设木板墙壁也是宫中保暖措施的一种方法。

宫中夏季防暑一是用冰降温，二是搭设凉棚，三是窗换纱通风。

紫禁城内有冰窖五座，位于右翼门外，为半地下式，可藏冰近 30000 块。每年冬至以后开始采冰，冰块采自护城河或三海，每块冰约尺五见方，运至冰窖整齐码放后封闭窖门，待夏季取用。清宫有专司藏冰出冰之事者，古时又称凌人。宫中夏季用冰防暑降温、新鲜果品的保鲜以及各类祭品的冷藏。盛冰的器物多为木质，箱式，称为冰桶，内里有一层锡里隔热，可延长冰的使用时间。这种"冰箱"很是适用，除借助冰的凉气降低室内温度，还可以在里面放置水

图 101　宫中夏季使用的冰箱

果，供随时取用。（图 101）

宫中主要院落每至立夏要搭盖凉棚，内务府营造司有专门承办此项事务的机构。凉棚虽然是用杉槁、苇席绑扎而成，但是外观与所在院落建筑形式大体相同，上开天窗、亮窗，既可遮挡阳光对院落的直晒，使室外处于荫凉之中，又可以根据阳光的强弱随时调节光线。凉棚至立秋日撤去。（图 102、103、104、105）

图 102　长春宫凉棚（清代烫样）

图 103　长春宫凉棚局部（清代烫样）

图 104   长春宫凉棚（清代烫样）

图 105   御花园内养性斋凉棚

九、彩绘装饰

彩　画

　　彩画是中国古代建筑特有的装饰形式之一。它的底层是用油灰做的地仗，用以保护木构件不被腐蚀、虫蛀，其上再施以鲜艳夺目的彩绘，对建筑加以装饰。故宫建筑上的彩画以青、绿、红、金为主色，以加强檐下阴影部分的对比，龙凤图案是它的主要题材。黄琉璃瓦的屋顶，深红色的墙面和柱子，洁白的基座，配以屋檐下亮丽的彩画，色彩和谐，层次分明，使宫殿建筑更加富丽辉煌。

　　故宫建筑彩画可分为三类：和玺彩画、旋子彩画和苏式彩画。主要用于梁枋上的彩绘。

　　和玺彩画是彩画中等级最高的一种，由枋心、藻头、箍头三部分组成。内多绘龙、凤等图案，且大面积用金，因此最为亮丽辉煌。和玺彩画中因枋心图案的不同，又有金龙和玺、龙凤和玺、龙草和玺等。紫禁城中轴线上各殿座及其他宫的主要殿座多绘以和玺彩画。枋心与藻头之间有 Σ 形括线相隔，为识别和玺彩画最显著的标志。（图 106、107）

图 106　和玺彩画示意图

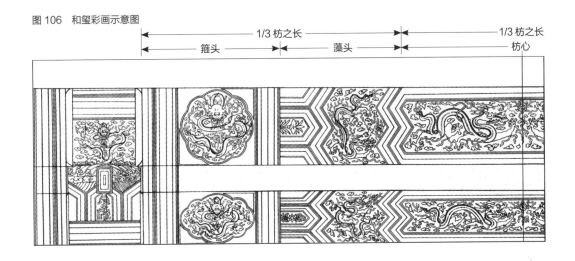

图 107　太和殿和玺彩画

旋子彩画等级次于和玺彩画，多用于较次要的宫殿、配殿、门及庑房等建筑。清代旋子彩画的基本构图是一种涡状的花纹，称作旋子，是从明代莲花纹饰演变而来，随着梁枋等木构件的长短宽窄的变化，这种旋花可以有不同的组合。旋子彩画枋心有龙锦枋心、一字枋心、空枋心、花锦枋心等，按各个部位用金的多寡和颜色搭配的不同，又分为金琢墨石碾玉、烟琢墨石碾玉、金线大点金、金线小点金、墨线大点金、墨线小点金、雅伍墨、雄黄玉等几种，采用某种类型视建筑的等级而定。（图 108、109）

苏式彩画因源于我国苏州地区的彩画而得名。苏式彩画用于宫殿建筑主要是从清乾隆年开始，后在宫廷花园中的亭台楼

图 108　旋子彩画示意图

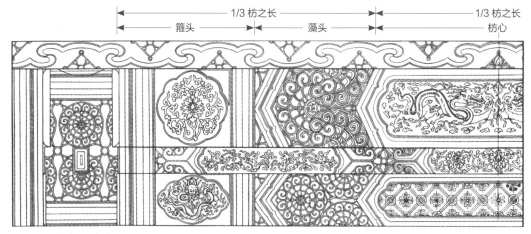

图 109　承乾宫西配殿旋子彩画

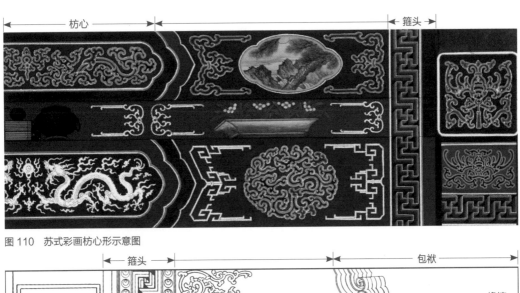

图 110　苏式彩画枋心形示意图

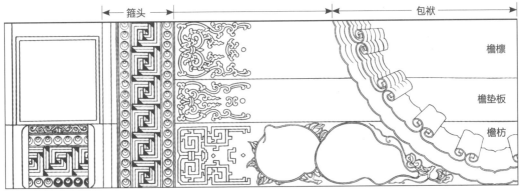

图 111　苏式彩画搭袱子示意图

阁建筑中广泛采用。其中尤以乾隆花园建筑中的苏画最为精美。苏式彩画主要有两种式样：一是枋心形，一是搭袱子，又称包袱。（图 110、111）由于苏式彩画比和玺彩画、旋子彩画布局灵活，画面所用题材广泛，更适于居住生活区域的建筑装饰，因此清代晚期，在慈禧太后居住过的内廷西六宫的储秀宫、翊坤宫以及太上皇宫殿中也彩绘了这类彩画。从乾隆时期的乾隆花园苏画到慈禧时期对西六宫改建，苏式彩画的出现和大量使用，反映了其时代的审美情趣。（图 112）

除了梁枋之外，天花、斗栱也要饰以

图 112　漱芳斋东配殿后抱厦苏式彩画

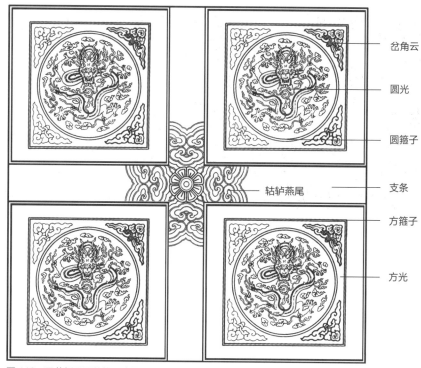

图 113　天花板彩画纹饰示意图

岔角云

圆光

圆箍子

轱辘燕尾　　支条

方箍子

方光

彩绘。（图 113）天花上的彩绘纹饰与建筑所处的位置和用途紧密相关，前三殿、后三宫位于紫禁城的中轴线上，又是帝后使用的殿堂，天花为金龙或龙凤纹图案。（图 114）后妃居住的宫室及园林建筑中天花彩画纹饰，则采用百花、果实、祥鹤等活泼又有生气的题材。（图 115）藏传佛教建筑雨花阁，其天花板上绘佛教"六字真言"，

图 114　太和殿龙纹天花

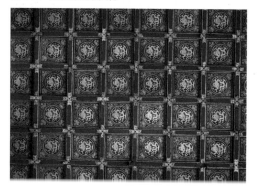

图 115　承乾宫凤纹天花

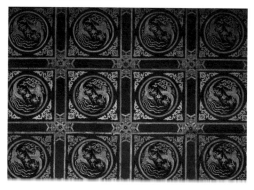

支条十字相交处绘佛教法器铃、杵纹饰，与室内的佛像、供器、唐卡相融合，形成了浓厚的宗教色彩。（图116、117）

　　近年来，随着对故宫建筑的勘察测绘，发现大部分建筑的明间脊檩部位构件都绘有彩画，康熙年重建太和殿时，木匠梁九称太和殿明间金梁用飞金彩画，"金梁"，即是指梁架的脊桁。这个部位的彩画在纹饰题材、用色用金上多有不同，似无定例，倒是阴阳八卦图纹饰在这里多有所见。八卦纹饰本为道教所用，但宫中佛教建筑雨花阁的脊檩上，在彩绘的中心也绘有八卦图，告知我们这是用来镇宅驱魔，保佑宫殿的平安。（图118）这些被天花层遮盖的

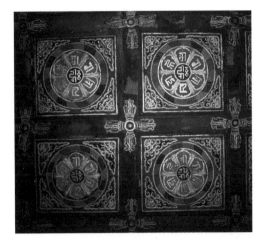

图116　雨花阁梵纹天花

彩绘，至今仍是鲜艳夺目，光彩照人。

　　紫禁城建筑虽然始建于明代，但由于明清两代不断的修缮，现存的彩画大部分

图117　古华轩木雕天花

图 118 雨花阁脊檩彩画

是清代所绘，留存下来的钟粹宫、长春宫、储秀宫、南薰殿等几处内檐明代早、中期彩画，已属凤毛麟角。（图 119、120）御花园中建于明万历年间（1583 年）的澄瑞亭，原为一座方形的桥亭，清代雍正九年（1731 年）在亭的南侧接盖抱厦，方

亭重新彩画。由于在做彩画时没有将原有彩画去掉，而是在上面重新做地仗，近年来地仗破旧脱落，使得原有彩画暴露了出来，因而我们可以通过一座建筑欣赏到明清两个时代两种不同风格的彩画，也是一件幸事。

图 119 长春宫内檐梁架彩画小样

图 120 南薰殿内檐额枋坐斗枋、斗栱彩画

图 121　乾清宫西夹道隔扇门

图 122　钟粹宫外檐装修

装　修

　　古代木构架建筑，柱子承受着屋顶的全部荷重，墙壁装修只是起防风寒、隔内外的防护作用，有墙倒屋不塌之说，所以建筑的门窗可以灵活布置，随意装卸。门窗在古建筑中称外檐装修，其种类很多，视建筑的等级和使用功能相应配置。高等级的纹饰有三交六菱花隔心，门的下部饰以浑金流云团龙裙板，榫卯交接处的铜鎏金看叶，华贵富丽，既是加固构件，又极富装饰性，称之为金扉金琐窗。（图 121）内廷后妃生活区和花园等处的外檐装修，较外朝更趋于实用，大玻璃框的门窗，开启方便的支摘窗，使得室内采光效果大大

加强。特别是窗饰的花纹，步步锦、灯笼框、冰裂纹、竹纹等富于装饰，而其上雕饰的卍、寿、回字，及蝠、禄、桃、盘肠等各种纹饰，又将人们的美好企盼寓意其中。（图 122）

　　内檐装修是建筑物内部划分空间组合的装置。（图 123、124、125、126、127）内廷后妃寝宫的内檐装修，为了居住的方便，冬用隔扇，夏用花罩，随时而换，随用而添，且几腿罩、落地罩、花罩、栏杆罩等应有尽有，于虚实相间之中，取得似分似合的意趣；隔扇门则在隔心部位加以装饰，或安玻璃，或糊饰双面纱，亦有描绘花卉、书写诗词于绢上者，皆出自内廷如意馆画师之手或为大臣所题，简洁高雅，赏心悦目。乾隆时期建成

图 123　翠云馆黑漆描金隔扇

图 124　漱芳斋内花罩

图 125　延趣楼内景

图 126　三友轩西次间内景

图 127　玉粹轩明间通景画

的宁寿宫一区建筑,室内的隔扇所饰之嵌玉、嵌螺甸、嵌景泰蓝、竹丝镶嵌等,种类多达几十种,更是精美绝伦。宫殿建筑内檐装修,选料考究,类型多样,所用材料大都是紫檀、花梨、红木等上等材料,镶嵌雕饰极为精细。即所谓"工精料实"。

十、衙署府库

明清时期直接为朝廷服务的机构设于宫中，辅佐皇帝理政、服务于皇家的吃穿住行。然大到内阁大学士、军机大臣，小到侍卫，其听凭传唤值事之所，建筑低矮，室内陈设简陋，无多大区别，与帝王使用的宫殿规模形成等级差异的强烈对比。宫中的府库收贮大量皇家御用物品，清代由内务府管理。府库建筑坚固、实用，年年修缮，以保御用物品的安全。

明代宫中设内阁公署作为大学士们值班、随时听候谕旨的地方。其位置在午门内东南隅，紧临城墙独辟一院，建筑较为简陋，室内昏暗，白昼秉烛。不过皇帝对内阁老臣们倒是偏爱。一日，明宣宗从城墙上过，让太监看看内阁老臣们在做什么，太监说："方退食于外。"宣宗问为什么不在这里吃？太监回答说："禁中不得举火。"宣宗指着堂前空地问，这里为什么不可以做膳房？后在内阁建烹膳处，供阁老们侍值用餐。又一日过城上，宣宗问太监阁臣在做什么，太监说："在下棋。"问为什么

只见落子，听不到声音。回答说："棋子是用纸做的。"皇上笑着说："太简陋了，明日赐象牙棋一副。"以示关怀。明宪宗时，赐内阁两连椅，藉之以褥，又赐漆床，锦绮衾褥，以便阁老们休息。明嘉靖时，重建内阁公署，置正房五间坐北向南，中一间供奉孔子像，左右四间分别间隔，作为阁臣办事处，又设左右小楼各一座，用以办公和收贮书籍。明代大学士地位颇高，最初与九卿相当，后因受皇帝信赖，日渐权重。

清代沿用明代内阁公署，为大学士直舍，亦称大学士堂、内阁大堂。（图128）大堂正房南向3间，为大学士办事之所。正房以外另建有左右配房、耳房、后罩房等。堂之东西有耳房各4间，东为满票签房，西为稽察房。堂前有影壁屏门连院墙门，有墙垣与东西两厢相隔。东西两厢各3间，东厢为汉票签房，中1间为侍读拟写草签处，北1间为中书缮写真签处，南1间为收贮本章档案处；西厢为蒙古堂，为清代

设立的掌翻译外藩各部文字机构，亦称内阁蒙古堂。汉票签房之南，面南3间为汉本堂，缮写汉本奏章之所；蒙古堂之南，面南3间为满本堂，清代设立的缮写满文奏章之所，亦称满本房、满洲堂。皆硬山顶，覆以黄琉璃瓦。

大堂后为中堂，为斋宿之所，其东为满票签档子房，为典籍厅。典籍厅为清宫存贮奏册、表文之处。各部院衙门及直省督抚等缮呈御览之册及外藩朝贡进呈之金叶、蒲叶表文均交典籍厅贮库。文武殿试、庶吉士散馆、一切请题奏派等，喇嘛金册

敕书并蒙古部落印模一切收发事宜，皆由典籍厅承办。册封妃嫔，晋封亲王、郡主、公主封号由典籍厅恭拟。典籍厅库在内阁院东，楼6间，其中书籍居3/10，案卷居7/10，以内阁设专员管理。乾隆以后，只司庶务，不再掌书。满本堂之西为祝板房，缮写大祀祝板之处，皆硬山顶覆灰筒瓦。建筑规制较明代宏敞。

内阁大堂之东，为内阁大库，砖石结构，硬山顶，覆黄琉璃瓦。北面辟窗，设有铁柱，柱内有罘鰠，外有铁板窗，门包铁叶，内以楼板隔为上下两层。西一座存贮红本、典籍、

图128　内阁公署

关防等件，称红本库；东一库为满本堂存贮实录、史书、奏疏、起居注及前代帝王功臣画像等物，称实录库。（图129、130）

内阁大库东为銮仪卫内銮驾库，东南临紫禁城墙，西临御河，东大库5间，硬山顶，上覆黄琉璃瓦；南大库1座，10间，硬山

图 129　内阁大库

图 130　内阁大库

图 131　銮仪卫銮驾库

图 132　军机处值房内景

顶，覆黄琉璃瓦。（图131）銮仪卫为清顺治元年(1644年)设，是掌管帝、后车驾仪仗的机构。宣统元年，因避溥仪名讳，改称銮舆卫。銮仪卫内銮驾库收贮皇帝法驾卤簿（皇帝所用仪仗称卤簿），皇太后、皇后所用仪驾，皇贵妃、贵妃所用仪仗，妃、嫔所用彩仗。库内原有大堂3间，小堂3间，及办事房、小库班房、档房等，今无存。南库前有古今通集库碑，明代遗物，知此地曾为明代古今通集库遗址。内金水河从南库西侧城墙下流出紫禁城，注入护城河。

清代雍正年间因西北用兵，设立了军机事务处，简称军机处，设军机大臣、军机章京（文书）。军机大臣无定额，多时达十几人，内设领班一人，主持工作；军机章京满汉各16人，分别办理日常事务；设内翻书房、方略馆。军机处辅佐皇帝办理机要事务，是直接为皇帝服务的中枢机构，设在右翼门外造办处一带。为办事方便，雍正年还在离内廷养心殿最近的乾清门西侧的内右门外建有板房数间，作为军机大臣侍值之所。乾隆十二年（1747年）将板房改为连檐通脊长房十二间，其中三间为军机处值房（图132），又在军机处值房南侧建五间房，坐南面北为军机章京值房（图133），内设议事屋，也有苏拉、纸匠、

图 133　军机章京值房

听差侍值之所。军机大臣位高权重，有阔军机，穷章京之说，然其办事侍值之处的房屋都很矮小，等级很低，无大差别。

方略馆位于武英殿北。清代，每遇规模较大的军事活动，就将事件中官员的奏章和皇帝谕旨等有关材料，汇集编纂成书，纪其始末，名曰"方略"或"纪略"。每次开设，书成即撤。乾隆十四年（1749 年），因纂修《平定金川方略》重设，书成未撤，遂为常设机构。内部设有文移处、誊录处、纂修处、校对处、纸库、书库和大库（档案库）等。宣统三年（1911 年）与军机处一并裁撤。

隶属于军机处的内翻书房，负责满、汉文字互译。设立于雍正、乾隆年。具体职掌为：翻译谕旨、起居注；翻译"经筵"时皇帝的书论、经论，讲官的讲章；翻译册文、敕文、祝文、祭文、碑文、御制诗文；纂辑皇帝要求译为满文的经史等。宣统三年（1911）军机处撤销后，改隶翰林院。

顺治年设日讲官，十七年诏翰林各官值宿景运门，以备顾问。雍正年谕旨，遇天气寒冷之日，房内安放火盆取暖，备赏饭用暖锅，务必使大人们如意。乾隆十二年（1747 年）改建为连檐通脊长房十二间，为文武大臣奏事待漏之所，又称九卿值房；于九卿房南面建坐南向北房五间，为宗室

图 134　养心门外值房

王公奏事待漏之所，又称王公值房。

在内廷坤宁宫西庑、养心殿都设有太医值房。（图134）太医专司帝后、嫔妃和内廷人员的治病、配药，同时也担负一些其他医药事务。太医院署设在天安门外东侧，太医轮流入宫侍值，白日侍外廷，值房设在东华门内以北，晚间值侍内廷。侍值分宫值、六值两种，《大清会典》载："太医院凡侍直，自院使至医士，以所业专科分班侍直。给事宫中者，曰宫直，给事外廷者，曰六直。宫直于各宫外班房侍直，六直于东药房侍直，各以其次更代。"清顺治十年设御药房并设药库，在内廷日精门南，贮药四百余种，设太监管理，并负责带领御医到各宫请脉、煎药和值宿等事。

宫中最大的办事机构当属内务府，清顺治十八年设，公署位于武英殿北（图135、136），雍正年赐御书"职思综理"匾额。（图137）内务府最高官员称总管内务府大臣，无定员，由满族王公大臣兼任，皇帝亲自指派，每年一换，称轮值。内务府下设内务府堂及七司、三院，七司即广储司、都虞司、掌仪司、会计司、营造司、庆丰司、慎刑司，三院即武备院、上驷院、奉宸苑，另有分支机构130余处。内务府负责管理皇家的财务、典礼、扈从、守卫、司法、工程、织造、作坊、饲养牲畜、园囿行宫、文化教育及帝后、妃嫔等人的饮食起居、宫廷杂务，管理太监、宫女等。其中营造

司专管宫廷修缮，每年岁修工程不断。广储司因负责管理财务出入和库藏，掌管皇室经济，所以在内务府中地位最高。下设银库、皮库、缎库、瓷库、衣库、茶库六库，收贮御用物品、赋税及各地所进贡品；下设银作、皮作、铜作、染作、衣作、绣作、花作七作，帽房、针线房二房，承办制作各种御用品。其府库和作坊如设在宫内，一般在外朝庑房或较偏僻地点。遇有府库所存物品丰盈以至堆积过多之时，变价卖出，腾出库房，以备新储。

上至帝后、妃嫔，下至侍卫人员，每日吃饭一事是宫廷中的重要事情。清初宫

图135　内务府公署

图136　内务府公署内景

图 137　内务府大堂匾"职思综理"

中分设管理饮茶的茶房和管理膳食的饭房。乾隆十三年，合并茶房和饭房，在景运门外箭亭东侧建连房两座，设御茶膳房，作为专管宫中膳食的机构。御茶膳房设有庖长、庖人、厨役等四百余人，每日除了供应皇帝及内廷各处茶、饭所需食物外，还要负责宫廷举办的各种筵宴，负责备办内廷诸臣和宫中各处守卫人员的日常饭食。膳房又分内膳房和外膳房，内膳房最为重要，设在养心殿院南侧，专管帝后及妃嫔们的日常膳食，有厨役近七十人。内膳房又设荤局、素局、点心局、饭局、挂炉局、司寿局等，厨役等人各司其职，小心伺候，有条不紊。还设有内外饽饽房，外饽饽房办理各种宴会用桌的食品，内饽饽房供帝后早饭随膳饽饽；此外，供佛所用供品，各种节日所需元宵、粽子、月饼等，都由内饽饽房备办。另外在内廷西侧筒子河西连房还设有寿康宫茶膳房，专管太后

们的茶饭；皇子饭房茶房，管理众多的皇子们用餐。各宫茶饭房，供妃嫔使用；侍卫饭房，供宫中各处侍卫的日常饭食。供应宫廷用粮机构称官三仓，设在西华门外北围房，米、麦、糖、盐、油等无所不备。宫中太监则要随居住之处另砌炉灶，自做饭食，所食粮米每月定期发给。供太监用米粮仓，原离宫城较远，每月领米不便。乾隆年间将供应太监用的米仓设在东华门外北围房，称之为"恩丰仓"，有房 74 间，可储米 3 万石，按天、地、宇、宙、日、月、盈、余、秋、收、冬、藏 12 字编号，由仓场衙门管理，按字号进米备放。

　　掌关防处，又称"内管领处"、"关防衙门"。设在西华门外路南，负责宫廷杂务。职掌供给宫内需用的点心饽饽、瓜菜、酒醋酱等食物及各种器皿；宫中后妃名下轮值差务；宫中裱糊、拔草、除尘、洒扫等事；供应宫内玉泉山水及夏天用

图 138　"同寅协恭" 匾

冰，冬天烘缸（为使缸中存水不冻结）；管理宫内所用车辆；管理各管领下人丁口粮。下设备办宫廷日常所用糕点的内饽饽房和备办宫廷祭祀、筵宴用各种糕点外饽饽房，供应宫廷所用瓜菜的菜库，负责管理宫廷各种车辆的车库，负责储存宫廷所用器皿的器皿库。

内务府中还设有供应宫廷所用醋酱酒醴的酒醋房，管理宫内用马及皇室牧场马群的上驷院，以及负责制造、收贮军械、装备及宫中部分陈设器物的武备院，管理太和殿、中和殿、保和殿，宁寿宫、慈宁宫、寿康宫处陈设、洒扫事务的机构。还有负责喇嘛念经，准备殿前供物及佛像等事的中正殿喇嘛念经处，负责存贮《四库全书》的机构文渊阁，负责出版书籍的机构武英殿修书处，负责摹刻、刷拓皇帝诗文、法帖手迹及制造墨和朱墨的御书处，以及负责制造御用器物的机构

养心殿造办处，为皇帝保管供应枪、炮的御用鸟枪处，负责配造收发火药、铅丸、铁沙的内火药库，负责饲养鹰等供皇帝围猎之用的养鹰鹞处、内外养狗处，无所不有。

康熙五十六年（1717 年），孝慧章皇后逝世，十二子允祹代内务府总管事务，料理丧葬事。其间为内务府题"同寅协恭"匾，悬挂内务府堂，直至清末。（图 138）

清代为加强对庞大的服务机构的管理，于雍正四年（1726 年）设立稽查内务府御史处，又称稽查内务府御史衙门。该衙门在景山西门外路北，有房四十余间，专司办理稽查内务府事务，以及内务府所属各司、院每年用过钱粮数目，将旧管、新收、开除、实在，按款开造黄册进呈，送稽查内务府御史处查核注销。广储司六库等官员遇更调交接及取用存储物件之数，亦由御史不时稽查。

十一、给水排水

紫禁城内以金水河为主干渠的给排水系统十分完备，构成了紫禁城建筑的一大特色。

金水河是一条人工开挖的河，引护城河水自西北乾方流入（图139），从东南巽方流出，流经大半个紫禁城，全长2000余米。五行方位以西为金，北为水，故称金水河。

河水从紫禁城北墙西侧下的涵洞流入，沿紫禁城内西墙向南缓慢流过。河道条石垒砌，蜿蜒曲折，河墙则是用青砖砌筑，这一段又称之为西筒子河，实用且质朴。（图140）河上原建有木桥十余座，可供人们往来。河的西岸曾建有连房百余间，作为各宫的膳房、库房和值侍人员的住所。《明宫史》记金水河"自玄武门（即清神武门）之西，自地沟入，至廊下家，由怀公门以南，过长庚桥、里马房桥……"就是记载的这一段。廊下家即连房，长庚桥、里马房桥即架在河上的木桥。现今连房、木桥已无存，只有长庚桥已改建为钢筋混凝土结构尚在使用。

图139　护城河通向金水河的涵洞入口

图140　金水河西筒子河一段

图 141　熙和门外北侧的一段河道

河道自武英殿起至太和门前，进入了外朝的区域，两岸河墙改用白石栏板望柱，以壮观瞻。（图 141）流经太和门前的金水河，河道最宽，弯曲成弓形，与太和门前规矩方整的庭院形成了静中有动的鲜明对比。（图 142、143）金水河东出太和门

图 142　流经太和门前的金水河

图 143　流经太和门前的金水河

院，河墙又恢复青砖砌筑，经文华殿西侧向北，此是内金水河唯一一处向北流的河道，明代始建时河道沿文华殿西墙外蜿蜒而过。清乾隆年间重砌河墙时取直，至今还留有改道后的痕迹。河道经文渊阁院东转至前星门前，折向南流经东华门内、銮仪卫大库，至紫禁城东南角，河道至出水口时变窄，收作瓶状（图 144），水势减弱，缓慢经城下涵洞流出，入护城河，故《明宫史》载："自巽方出，归护城河，或显或隐，总一脉也。"

金水河上曾建有石桥、木桥 20 余座，现仅存石桥。石桥当中规模最大、最为壮观的当数太和门前的金水桥，最为华丽的是武英殿东侧的断虹桥，另有武英殿、前星门前的三座桥和协和门外的半臂桥，它们以所处环境和用途的不同，而各自装点出不同的特点，似飞虹、似玉带，点缀在蜿蜒而流的金水河上。

太和门前的金水桥由五座石桥组成，均为单拱券式，中间的一座为御路桥，专供皇帝通行，桥长 20 余米，宽 6 米，两侧白石栏杆，云龙纹望柱头。两侧桥的长、宽依次递减，装饰等级略低，供王公大臣、文武百官等通行。

武英殿东侧石桥称断虹桥，所处位置在外朝通向内廷西路的主要通道上。桥全长 18.7 米，宽 9.2 米，单拱券跨度 4.2 米（图 145）桥面青白石铺砌，两

侧汉白玉石栏板洁白莹润，上面雕有精美的百花、龙纹图案。望柱头以莲花为座，莲座之上的石狮子，神情各异，憨态可掬。整座石桥石质精良，雕刻精美，虽为单座桥，却是紫禁城诸桥中之精品。（图 146、147）

金水河东出协和门遇一条南北道路，于是此段河道成涵洞，上修筑路面，供通行。路的东侧仍为河道，沿路边依河的宽窄安装栏板望柱，以保安全。于是就出现了只有半边栏杆的桥，称之半臂桥。（图 148）而流经东华门内的金水河上只架设了单座桥，桥面宽敞平坦，利于车马通行。

帝王宫阙内建河的做法，自周代已有，是为了宫廷用水的方便。《明宫史》载："是河也，非谓鱼泳在藻，以态恣游赏；又非故为曲折，以耗物料，盖恐有意外火灾，则此水赖焉。天启四年，六科廊灾；六年，武英殿西油漆作灾，皆得此水之济。而鼎建皇极等殿大工，凡泥灰等项，皆用此水。祖宗设立，良有深意。且宫后苑鱼池之水，慈宁宫鱼池之水，各立有水车房，用驴拽水车，由地礁以运输，咸赖此河云。"明清时期宫中各项工程用水及养鱼、种花、浇树用水均取之于此，同时也是灭火的主要水源。

金水河的水不能饮用。紫禁城内的饮用水是很讲究的，皇帝在宫中时，饮

图 144 金水河至出水口时收做瓶状

图 145　断虹桥

图 146　断虹桥狮子望柱头　　　　　　　　　　　　图 147　断虹桥狮子望柱头

图 148　金水河上的半臂桥

图 149　大庖井

用水取自玉泉山的泉水，每天由专人用水车从距京城外数十里的玉泉山将水运至宫中，专供皇帝家人使用。其他人则使用井水。紫禁城内水井很多，大凡住人的院落都有井，相传紫禁城初建时凿有水井72眼，以象地煞。宫中井水清凉甘甜，很适于饮用。尤以传心殿院内的大庖井之水为最佳，水味独甘，甲于别井，有玉泉第一，大庖井第二之称。（图149）由于井水主要是饮用，为保持井水的清洁，井上都建有井亭。（图150）井亭虽以各院落等级不同亦有差异，但共同的

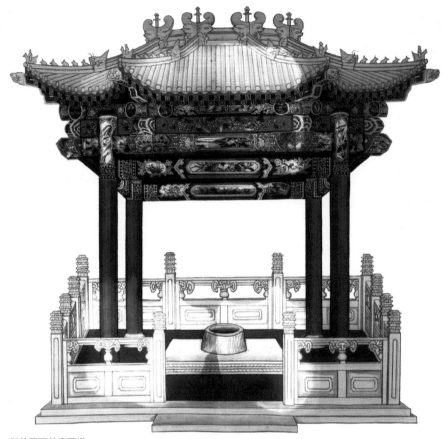

图 150 御花园西井亭画样

特点是亭的顶部露天，便于纳光。井口有井口石和石盖板，井的周围砌出流水槽，使废水排出，不至渗于井内，都是为了保持井水的洁净。（图 151）内廷水井数量最多，各宫院、花园等都有水井。明清时期后宫佳丽无数，侍奉人等成千上万，每天用水从不间断，井口石上的条条磨痕，留下了那个时代的印迹。

　　紫禁城内的排水系统也十分完备。在明初始建时考虑到排水的需要，城内地面北高南低，南北相差 1.22 米，具备了自流排泄能力。但是由于宫中重重院落的间隔，又阻碍了水的自流，因此又以金水河为总干渠，在各宫院设明槽、暗沟，沟与河相连，再经北、西、西南、东南几条主干渠将雨水排入金水河。排水暗沟有深浅之分，接近中轴线的暗沟稍浅，在 0.4～0.5 米左右，越向外越深，可达 1～2 米。这些暗沟由浅渐深，沟沟相通，构成了一条具有由内向外自流排泄功能地下排水网

图 151　景阳宫后殿井亭

外朝三大殿区的排水系统最为讲究，设计也很奇巧。三大殿庭院开阔宽敞，以三台为中心，形成中间高四周低、北边高南边低的等高差，遇有大雨急落，雨水可顺三台逐层叠落，流入院中，与院中雨水顺庭院中间高，两边低的地势分别向东南、西南流去。在庭院南端，沿贞度门、太和门、昭德门北侧，设有一道东西向排水暗沟，自西向东从 0.3 米左右逐渐加深至 1 米有余，上覆石板沟盖，沟盖表面凿有凹形水槽（图 152），又可直接承接院中的雨水，雨水再顺水槽中的沟眼流入暗沟，水自暗沟顺势而东流，汇于东南角崇楼下流出，注入金水河。大雨过后，32000 多平方米的太和殿庭院不会留下积水。东南角排水涵洞是宫中最大的排水口，被明清两代帝王视为中霤之处。

排水暗沟为石砌或砖石混砌，较为坚固，上面或铺石板，或埋在路下，间隔一段留出沟眼，承接地面雨水，上有沟盖石，

图 152　凹形排水槽

图 154　穿透宫墙的排水涵洞

图 153　沟盖表面凿凹形水槽及排水沟眼

图 155　城台排水孔石槽

以防杂物流入。（图 153、154）为保证宫中排水的畅通，还要定期掏挖沟渠，防止阻塞。掏挖的时间多在春季，由内务府派专人负责，遇有坍塌损毁之处，也要随工及时补修。

紫禁城城台的排水，是顺着外侧稍高、内侧稍低的台面流向内侧，内侧女墙下间隔砌出排水石槽（图 155），外接沟滴，将水排出。（图 156）内廷建筑较为密集，特别是花园中的一些殿阁楼台，

图 156　城台内侧排水沟滴

图 157　宫墙上的排水沟滴

或紧依宫墙而建，或高出宫墙之上，遇有这样的建筑，其后檐多在檐头部位作排水天沟，再从宫墙向外接排水石槽，将雨水排出。（图 157）

由于宫中排水系统从地面到地下一直

保持完好，因此从未见有紫禁城内受涝被淹的记载。如今这些使用了近 600 年的排水设施，仍然发挥着重要作用，是宫殿建筑中的重要组成部分。

十二、皇家花园

　　紫禁城中的花园是专供帝后们休憩游玩的场所，明清两代曾先后建有供帝后、太后、太子、太上皇等专用的花园。花园是根据宫殿建筑的使用分布的，至今保留的有御花园、慈宁宫花园和宁寿宫花园。这些花园处于高大的宫殿建筑群中，占地也十分有限，然叠石成山，凿石蓄水，花木成荫，不失园林之意境。宫廷园林尤以建筑取胜，园中的亭台楼阁轩馆斋堂，布局有序，轴线分明，建筑形式灵活多样，且纤巧华丽，体现出皇家园林之气派。

　　御花园始建于明初，是宫中建成最早、规模最大的一座花园，位于内廷坤宁宫北，明代嘉靖以前称"宫后苑"。东西宽130米，南北长90米，占地约12000平方米。（图158）园内建筑经明代嘉靖、万历，清代雍正、乾隆等时期的改建或添建，已有亭台楼阁轩馆二十余座，占全园面积的三分之一。建筑精巧多变化，以位于中轴线上的钦安殿为中心左右对称布置。殿的东

北为堆秀山，山的东侧为摛藻堂、凝香亭，南侧为浮碧亭、万春亭、绛雪轩；殿的西北与堆秀山相对称者为延晖阁，阁西为位育斋、玉翠亭，南为澄瑞亭、千秋亭、养性斋；园开四门（西侧随墙门为建院后所设），南门坤宁门与坤宁宫相通，东南角、西南角有琼苑东门和琼苑西门，通往东西六宫；北门最为讲究，设四门相围，东为集福门，西为延和门，正面为承光门，于北宫墙设顺贞门，琉璃装饰，豪华富丽，北与神武门相对，是内廷出入的重要门户。皇后及内廷人员出入宫廷多走此门。无故禁止通行。

　　园内建筑以亭式为多，其中万春亭、千秋亭造型别致，屋顶变化复杂，装饰精美华贵，为亭中佳作，堪称宫中亭式建筑之首。（图159、160）堆秀山上的御景亭，建于山巅之上，端庄沉稳，亭内设有宝座，亭外设供桌，山两侧各有蹬道可至亭前。明代帝后于九九重阳节至此登高，烧香祈福。（图161）澄瑞亭、

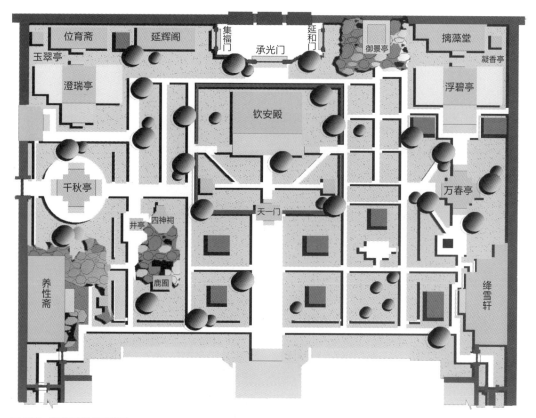

图 158　御花园平面示意图

浮碧亭建于水池之上，凭栏静观，水中莲花盛开，游鱼穿行其间，别有一番情趣。园内松柏翠竹相间，常年碧绿；奇珍异石罗布其间，典雅秀美；牡丹、芍药、玉兰更显雍容华贵。园内花草，清代由南花园办理，四季不衰。春暖花开之季，园内更是景色宜人，漫步其中，诗情画意油然而生，故乾隆皇帝有《上苑初春》诗曰："堆秀山前桃始发，延辉阁畔柳丝斜。晴光摇飏金城晓，花色分明玉砌霞。"园中建筑也各有所用，摛藻堂备皇帝藏

书读书；钦安殿供奉道教玄武大帝；澄瑞亭曾设斗坛；千秋亭、万春亭、位育斋等都曾用作佛堂；清代选秀女也曾在御花园里进行。（图 162、163）

　　慈宁宫花园是老太后、太妃们礼佛休憩的地方。位于紫禁城的西南部，慈宁宫南，东西宽 50 米，南北长 130 米，占地约 6500 平方米，始建于明代。清代乾隆时期有所增建、改建，现有大小建筑 10 余座，占全园面积的 1/5。建筑按轴线设计，左右对称，布局疏朗，环境

图 159　万春亭画样

图 160　万春亭

图 161　堆秀山御景亭

图 162　御花园延辉阁前松柏

图 163　御花园天一门

优美。（图 164）

花园中轴线从南至北依次排列有临溪亭、咸若馆、慈荫楼，以咸若馆、临溪亭之间的横向通道又分为南北两部分。

图 164 慈宁花园平面示意图

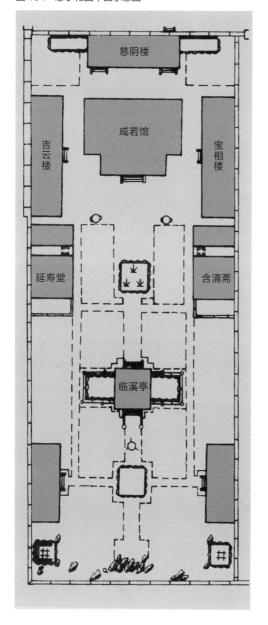

咸若馆位于慈宁宫花园北部中央，是园中主体建筑，坐北朝南，正殿 5 间，歇山顶，前檐接抱厦 3 间，卷棚歇山顶，覆黄琉璃瓦，四周出廊。（图 165）梁枋龙凤和玺彩画，室内为海墁花卉天花。内明间柱子按藏式佛殿装饰。馆内为佛堂，东、北、西三面墙壁通连式金漆毗庐帽梯级大佛龛，庄严神秘。明间悬清乾隆皇帝御书"寿国香台"匾，陈设龛、案、佛像、法器、供物等。乾隆三十六年（1771 年）添造的 24 座挂龛，内皆为髹金佛像。（图 166）

咸若馆左右有宝相楼、吉云楼，东西相向，各面阔 7 间，上下两层，卷棚歇山顶。宝相楼下层明间原供释迦佛立像，其余 6 间分置"大清乾隆壬寅年敬造"款掐丝珐琅大佛塔 6 座，塔顶直达天井口。（图 167、168）塔周围三面墙壁上均挂通壁大唐卡，共画护法神像 54 尊。上层明间原供木雕金漆宗喀巴像，三面墙壁挂释迦牟尼画传、宗喀巴画传唐卡。其余 6 间正面设供案，供显宗、密宗主尊像，每室 9 尊，共 54 尊；每间侧面墙壁设壁嵌式佛龛，每间供小铜像 122 尊，6 室共计 732 尊；千佛龛下为壁隔式紫檀木经柜，藏贮各种佛经。

吉云楼室内上下正中均供有大尊佛像。佛像两侧各有一个长方形底座及多层台阶的金字塔式供台，供台顶部是一道长墙式的千佛龛。层层供台以及四壁、

图 165　咸若馆外景

图 166　咸若馆内景

图 167　宝相楼内珐琅塔

图 168　宝相楼外景

屋梁上摆放着五彩描金的擦擦佛像（擦擦佛为藏语的音译，是一种以泥土为材料，用模具制作的小型泥造像）。（图 169）吉云楼内共有擦擦佛万余尊，可称是宫中的万佛楼。

咸若馆北面的慈荫楼是宫内的藏经楼，清乾隆三十年（1765 年）建。楼坐北朝南，上下两层，各面阔 5 间。上层依北壁设通壁的供经龛。正中是佛龛，供奉释迦牟尼佛等金铜佛多尊。龛前有长供案，陈设佛塔、供器。乾隆三十六年曾将《甘珠尔》经一部 108 卷（夹）收藏于此。

以上四座建筑或设佛龛、供佛像，或供佛塔、藏佛经，老太后和太妃们经常在这里礼佛念经，修身养性，以此为精神寄托。

咸若馆的西南、东南各有一座小院，名含清斋、延寿堂，都是三间卷棚式勾连搭的三进院落，灰墙布瓦，十分质朴，是乾隆皇帝为苫次所建。乾隆皇帝为含清斋题写楹联"轩楹无藻饰，几席有余清"。虽为"朴宇"，但室内装饰都是极为精致。乾隆四十二年（1777 年），孝圣皇太后崩，乾隆皇帝曾在此守制，后因大臣坚持不□无奈移居养心殿。此后这里也曾作为皇帝侍奉太后进膳、礼佛休憩之所。

花园南半部以临溪亭为主，亭建于明代万历六年（1578 年），初称临溪馆，万历十一年（1583 年）更名临溪亭。亭架于

图 169 吉云楼内擦擦佛

桥上，桥下是一东西向长方形水池，条石砌筑，周边护以汉白玉石雕栏杆。亭为方形，四角攒尖顶。（图 170）南半部遍植树木花卉，筑花坛，凿水池，叠假山，多有几分山林之趣。

春去秋来，花开花落，金黄色的银杏树伴随着咸若馆檐角下的风铎丁当，寂静的花园充满了浓厚的宗教气氛。（图 171）

宁寿宫花园俗称乾隆花园，是乾隆三十七年（1772 年）乾隆皇帝在改建宁寿宫时添建的一座专供自己退位当太上皇使用的花园，位于紫禁城东北部，宁寿宫后西侧，占地约 6400 平方米，南北长 160

余米，东西宽不足 40 米。园区地域狭长，本不利造园，然巧于构思，更费经营，使园中层峦叠嶂，松荫遮天，楼堂殿阁，檐宇相连，建筑精美而典雅，环境幽静而有生气。（图 172）

花园由南至北分为四个院落。正门衍祺门内为第一进院，门内以叠山堆砌成山屏一道，山前辟小径，沿着卵石铺砌的小路绕过山屏，豁然开朗之处，亭台敞轩错落有致，山石林木点缀其中，自然质朴，清新雅逸。古华轩坐落在中央，五开间敞轩，设周围廊，檐柱下设坐凳栏杆，上做倒挂眉子，室内井口天花上

图 170　慈宁花园临溪亭

图 171 慈宁花园银杏树

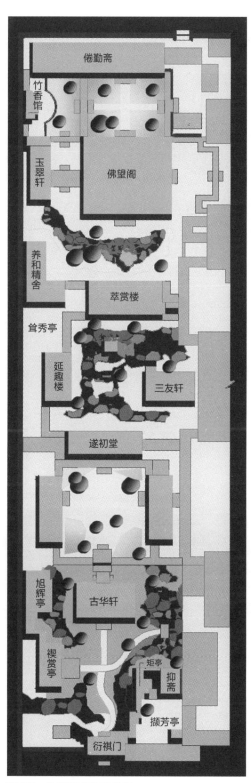

图 172　乾隆花园平面示意图

图 173　古华轩

有木雕花卉，形成了古华轩华贵淡雅的气氛。（图 173）庭院东面山巅之露台与西面禊赏亭一高一低，一石一木相互衬托，别有情趣。

禊赏亭，坐西面东，面阔 3 间，前出抱厦 1 间，抱厦内地面凿石为渠，称"流杯渠"（图 174），取"曲水流觞"之意。渠水来自南侧假山后掩蔽的水井，汲水入缸，再经暗沟引水入渠，经北侧假山下暗沟流出。亭之装修及下槛、石栏杆等纹饰均为竹纹，以象征王羲之兰亭修禊时"茂林修竹"之意境。以修竹为喻义的装饰，与流杯渠共同构成了曲水流觞的文化内涵，也是花园中的一处佳作。亭前垒砌云石踏步，与园中虎皮石小路相接。旧时汉族岁时风俗，每年三月三上巳节，人们坐在环曲的水渠旁，在上游放置酒杯，任其顺流而下，酒杯停在谁的面前，谁即取饮，以此为乐，故称"曲水流觞"。觞，即酒杯。此俗周代已有。晋永和九年三月初三，王羲之等在会稽（今绍兴）兰亭修禊，他们

图 174 流杯渠

吟诗、饮酒，遂作《兰亭集序》。又以书圣王羲之书《兰亭序帖》流传甚广，后演变为园林景点。乾隆将此风俗作为点景引入宫廷园林，也是颇具风雅之事。

古华轩北为垂花门，青砖砌出围墙，虎皮石墙基，古朴典雅，一改宫殿建筑红墙黄瓦的格调，很有民居的韵味。进门是第二进院，置假山为屏，主殿遂初堂坐北面南，东西配房、廊房连游廊与垂花门相接，构成了一座方整规矩的院落。檐下"遂初堂"匾为乾隆御笔，典出自晋孙绰之《遂初赋》。乾隆皇帝曰："皇祖（康熙）临御六十一年，予不敢上同皇祖，是以践阼之初，苍天默祝，至六十年即拟归政，冀得遂初心愿，如践阼之初所盟宿忱。"故命名为"遂初堂"。

遂初堂后为第三进院，院中叠石堆山，所用的太湖石是乾隆年建园时特从北海琼岛拆运至此，堆山充埤全院，山石嶙峋，崖壑深邃，山间小路，曲折迷离，峰峦之上建有耸秀亭，由下向上望去，可观一线天奇景，极尽自然情趣。环山西面建有延趣楼，北有萃赏楼，东有三友轩。三友轩为三开间式小殿，内以岁寒三友松竹梅为装修题材，十分精美。西次间以松、竹、梅纹为窗棂，透过西窗，可观窗外堆山、翠竹、松柏，突出了建筑的主题，为乾隆皇帝所钟爱。

第四进院以符望阁为中心，前有堆山和碧螺亭，后有倦勤斋，西有玉粹轩、竹香馆，西南是与萃赏楼相接的云光楼，东设游廊，

整组建筑多仿建福宫花园而建，又各有特色。符望阁为清乾隆三十七年（1772年）仿建福宫花园中延春阁添建。阁高二层，平面呈方形，四角攒尖顶。室内一层装修间隔出数室，置身其中往往迷失方向，故有"迷楼"之称。室内装修或竹丝镶嵌，或为嵌玉、嵌珐琅装饰，甚为精美。一层装修隐蔽处，设有楼梯可上至暗层及二层，沿二层周围廊远望，可尽观宫中景色。

阁前堆山上有亭，檐下悬乾隆御笔"碧螺"匾。因其形制似梅花，构亭之木石、琉璃多以梅纹装饰而得名，又称"碧螺梅花亭"，清乾隆三十七年（1772年）建。亭平面呈五瓣梅花形，五柱五脊，重檐攒尖顶，上层覆翡翠绿琉璃瓦，紫色琉璃瓦剪边；下层覆孔雀蓝琉璃瓦，亦以紫色琉璃瓦剪边。顶置翠蓝地白色冰梅纹琉璃宝顶。柱间安装折枝梅花纹的倒挂楣子，下为白石栏板，亭内顶棚为柏木嵌紫檀木雕梅花纹天花，额枋饰点金加彩折枝梅花纹苏式彩画。此亭建筑形制及做法在宫廷花园中亦是极为少见，新颖别致，堪称亭中之佳作。（图175）

倦勤斋是宁寿宫花园最北的一座建筑，乾隆三十七年（1772）仿建福宫花园中的敬胜斋而建。面南9间，卷棚歇山顶，檐下饰以苏式彩画。前出廊，左右接游廊与符望阁相接，为一独立院落，斋匾悬于东5间明间檐下。斋内以仙楼隔为小室数间，设宝座床多处。其中竹丝挂檐、玉璧

图 175　碧螺亭

图 176　倦勤斋外景

镶嵌、百鹿图裙板，均为乾隆时期内檐装
修之精品。西4间与竹香馆相连，自成一体。
室内有亭式小戏台。（图 176）

　　宁寿宫花园在极不利的用地条件下，
合理利用，巧妙布局，构思新颖，立意高新，
建筑形式多样，室内装修考究精美，加之色
彩艳丽的苏式彩画，使之成为乾隆时期建筑
艺术代表之作，也是宫廷花园中的佳作。

　　紫禁城内西北隅，有一座清代乾隆初
年建成的宫廷花园，因其随建福宫而建，
故名"建福宫花园"，又因花园地处内廷
西部，亦称为西花园。乾隆皇帝建建福宫，
是为"备萃寿万年之后居此守制"之用，

同时陆续建成花园，以弥补做皇太子时无
园之憾。乾隆皇帝对这组建筑十分偏爱，
为此做了许多诗赋，以抒情怀。

　　建福宫花园始建于乾隆七年（1742 年），
前后用了十几年的时间，为"渐次"构成，
占地 4000 多平方米，建筑十余座，且殿堂
宫室、轩馆楼阁无所不有，不仅建筑形式各
异，而且建筑布局也较灵活。这组建筑分为
东西两部分，东一组依南北轴线依次排列为
抚辰殿、建福宫、惠风亭、静怡轩、慧曜楼，
以三组院落连为一体，其布局前部紧凑，后
部疏朗，三进院落风格各异，错落有序。

　　静怡轩为第三进院中的主体建筑，面

阔五间，进深三间，周围廊，前檐出抱厦三间，左右有游廊与前矮垣相接，西侧与花园相连，在东一路建筑中属体量较大的一座，由于它采用三卷勾连搭式的屋顶，而不是像庑殿顶、歇山顶有高高的正脊，因此虽然占地面积较大，但并没有建筑高突的感觉。相反三卷勾连搭式的屋顶，曲线优美，坡度平缓，作为园中之寝，其建筑形式又与园林建筑相和谐，也是宫苑相间的一种形式。静怡轩被视为建福宫的寝宫，是乾隆皇帝为守制所居而建。然"当年结构意，孤矣不堪思"，乾隆为皇太后守制时未能在此居住，不能遂初葺之意而发忧伤之感。在伤感之中，又感慨"城市人烟遮倍常，只有静怡犹凉爽"，曾有两年的时间在这里避暑，亦不曾作诗，以体验"意静身则怡"的意境。

西一组以延春阁为中心。阁为方形，体量虽大但不觉孤立，加之阁为重檐四角攒尖式顶，所以虽高不呆，虽广不疏。阁北有敬胜斋相伴，南有叠石相依，西有碧琳馆、妙莲华室、凝晖堂，东与静怡轩相邻，形成了以延春阁为中心的向心型布局，突破了宫廷花园对称布局的格式。碧琳馆为一座依山而建的小巧玲珑的建筑，馆前叠石种植竹、桧，有"咫尺间，缥缈蓬壶趣"之意境。凝晖堂则以南室"三友轩"称著。乾隆十二年，乾隆帝以旧藏有曹知白十八公图、元人君子林图、元人梅花合卷庋轩中。岁寒三友深为

乾隆帝所喜爱，遂以"三友轩"颜额，并御制三友轩长诗，书以巨幅悬于轩内。除藏三友珍品外，另在三友轩窗外种植松竹梅更是内外相呼应。堂中有联曰："十二灵文转宝炬，三千净土荫慈云。"读此联句，如入佛门之地，可知此地曾为供佛之处。

建福宫花园一组建筑，东一路以轴线控制，布局不失皇家建筑的严谨气氛；西一路以延春阁为中心向心布局，建筑形式也多体现了乾隆时期灵活多变、丰富多彩的特点。乾隆三十七年肇建宁寿宫花园，建福宫花园作为蓝图之一，很多建筑在宁寿宫花园中再现。乾隆皇帝对建福宫花园非常满意，为此作了大量的诗赋，并将其所珍爱的奇珍异宝收藏于此。嘉庆时曾下令将其全部封存。此后，花园一带一直作为皇家珍宝的收藏地。1923 年 6 月 27 日，静怡轩、延春阁、敬胜斋及中正殿等皆焚于火，这座瑰丽的皇家花园连同无数珍宝化为灰烬。

时隔 75 年之后 1999 年，故宫博物院启动了建福宫花园复建工程。复建工程主要得益于香港企业家陈启宗先生为主席的香港中国文物保护基金会的资金支持。

复建工程包括建福宫花园及建福宫后半部分建筑，占地面积 3850 平方米，复建建筑面积 4000 平方米，由故宫博物院承担设计施工。复建工程分为二期。2000 年 5 月 31 日，复建一期工程正式开工，2006 年建福宫花园复建工程圆满竣工。

十三、演戏戏台

明清两代帝后都喜欢戏曲。明代礼部祠祭清吏司下设教坊司，为专司承应朝会宴享乐舞的机构。有歌工、乐工千余人，共分中和韶乐、堂下乐、丹陛乐、侑食乐、大乐、撺掇乐等乐队。凡遇宫中三大节行朝贺礼、大宴亦由教坊司作乐。皇太后、皇后圣节庆贺等用教坊司女乐140余人。

清初沿用明制。康熙时改为南府，专司内廷音乐、戏曲的演出。南府隶属于内务府，下设专门管理和培养教习戏曲的机构，称内学、外学。内学学生从年幼的太监中挑选，分别行当，学戏数年，专供内廷承应戏曲。太监伶人全属旗籍，归内务府正黄、镶黄、正白三旗。外学又有旗籍和民籍之分，八旗子弟选征入学学习戏曲的称旗籍，江南等地民间戏曲艺人供奉内廷的称民籍。南府设在西华门外的南花园，在景山内设钱粮处和掌仪司筋斗房，形成景山、南府两处学戏、练功处，并从南方召来伶人充宫中戏班教习。内外各学又分头学、二学、三学和大小班。所学戏种主要为昆腔、弋腔。（图177、

178）到乾隆时期，宫中演戏活动进入了兴盛时期。外学人数有七、八百人，加内学太监，总数达1000余人。嘉庆时期外学人数减少。至道光时，在南府学戏者500余人。道光帝即位后，于元年六月，将景山归并于南府。道光七年（1827年），将南府改为升平署，撤消了外学，裁减了所有民间伶人，仅留百名太监伶人在宫中演戏。咸丰年间，由于咸丰皇帝喜好看戏，升平署又再次在民

图177 清人画戏剧图册

图 178　带工尺谱的剧本

间艺人中挑选教师、鼓师、筋斗人、筋斗教师等进入升平署。清末，慈禧太后更是喜欢戏曲。因学生人员不足，无法承应大戏，因此又重新挑选民旗的学生进宫演戏。光绪九年，首批入选宫廷的演员有袁大奎、张云亭等18名。清末，许多著名的戏曲表演艺术家，如谭鑫培、杨小楼等都进宫演过戏。

宫中演戏不断，演戏的舞台也增添不少。其中多为乾隆年所建。乾隆初年在乾西头所建有漱芳斋戏台（图179）、风雅存室内小戏台；二十五年（1760年），乾隆皇帝为了给皇太后（孝圣宪皇后）举办七十万寿庆典，在寿安宫添建三层大戏台1座（后于嘉庆四年拆除）；营建太上皇宫殿时，在宁寿宫一区内建有畅音阁大戏台，倦勤斋、景祺阁室内小戏台以及如亭戏台

等。清晚期，慈禧太后在改造长春宫和储秀宫时，添建了长春宫戏台、丽景轩室内小戏台。戏台既有室内室外之分，也有高大小巧之别，分别承应大戏和各种排场的演戏，非常方便。

畅音阁是宫中现存最大的演戏楼（图180），位于宁寿宫后区东路。崇楼三层，北向，四面各显三间，戏台上下三层：上层称"福台"，前檐上层悬匾曰"畅音阁"；中层称"禄台"，悬匾曰"导和怡泰"；底层称"寿台"，悬匾曰"壶天宣豫"，两侧有联曰："动静叶清音，知水仁山随所会；春秋富佳日，凤歌鸾舞适其机。"寿台台面达210平方米，不设立柱，采用抹角梁。北、东、西三面檐下装有木雕彩绘鬼脸卷草纹饰匾。寿台后部设有平台，有楼梯供

图 179 漱芳斋小戏台

图 180　畅音阁大戏台

图 181　漱芳斋风雅存小戏台

上下；"禄台"前檐三间及东西两间为廊，演员可在此表演；"福台"四周为廊。演大戏时三层各有演员，可容千人。寿台台板以下正中及四角各置地井一眼，中一眼为水井，可起共鸣作用。余四眼为空井，可升降演员及道具。中层、上层各设天井，贯通上下，井口安设辘轳，可升降演员。嘉庆二十二年（1817 年），又在阁后接盖扮戏楼 5 间。

与畅音阁相对者为阅是楼，上下两层，为皇帝、后妃等人观戏处。阅是楼两厢原为配楼，嘉庆二十三年（1818 年）拆东西配楼，改建厢廊，与畅音阁相接，是为王公大臣陪同观戏处。

清代宫中逢皇帝万寿、太后圣寿日，要连续演戏数日乃至十数日。所演大都为庆寿之戏。剧本有《九如颂歌》《群仙祝寿》等。遇帝后整寿如六十、七十、八十大寿，庆寿规模更大。

如畅音阁三层规模的大戏台在乾隆年共建造了四座：宫内寿安宫一座，嘉庆年拆除；承德避暑山庄一座，毁于火灾。尚存的只有颐和园内德和园大戏楼（光绪年重建）和宫内畅音阁两座，都是外形高大、

图 182　倦勤斋内小戏台

装饰华丽的戏楼，反映了清代宫廷戏曲艺术繁荣的盛况。

宫中室内戏台小巧典雅，装饰极为精美。风雅存小戏台位于御花园西侧的漱芳斋后殿内，坐西面东，为一木制亭式小台，观戏者位置在东侧，面向西。由于室内小戏台多演小戏、岔曲之类，观戏者也是很随意，或靠或坐，边听戏边饮茶、吃点心，确是十分惬意。（图 181）

宁寿宫花园倦勤斋的室内有一座小戏台，是宫廷室内戏台中最为华丽者。（图182）戏台为四角攒尖顶的木质方形小亭，饰以竹纹，又称作竹亭。戏台东面和后檐两侧有门，可供演员上下场。后台随亭左右绕以夹层篱墙，南绕篱墙可通至竹香馆北斜廊。室内顶棚为海漫天花，绘以竹架、藤萝，与墙壁绘饰的园林楼阁景观连为通景，构成一幅天然风景画，室内小戏台如同建在藤萝架下，形成了既富立体感又有空间感的室内花园。壁画为乾隆年间宫廷画师王幼学手笔，十分珍贵。面对戏台为二层小楼，上下两层，各三间，中间设宝座床，为皇帝听戏处。乾隆时，南府太监常在此演唱岔曲。

十四、藏书楼堂

宫廷藏书由来已久。早在汉代就建有天禄阁、石渠阁藏贮图书；隋代的观文殿，宋代的龙图阁、天章阁、宝文阁也都是专供宫廷藏书的地方。明代宫廷藏书亦十分丰富，明初营建北京宫殿时，设置文渊阁藏书库，藏有宋元版旧籍甚多。明正统十四年(1449年)文渊阁的一场大火，将所藏之书化为灰烬。

清代宫廷很重视藏书，除了收集历代版本书籍外，自顺治至嘉庆都很注意编纂刊刻书籍，乾隆时期达到顶峰。康熙年间，在武英殿开设修书处（图183），专司刊刻

图 183 武英殿外景

书籍，参加编纂的主要人员均由皇帝钦派，多为大学士或翰林院官承担。每部书的编纂都要动用众多的人力物力，仅《四库全书》编纂之时，参与其事者就达4400余人，其中乾隆朝名儒参加编修者即有360余人，历时十年方完成。武英殿修书处设有刻印书籍的作坊，刻印的书籍用特制的墨和洁白细腻的开化纸印刷，质地精美，所刊印之书称之为"殿本"。清一代修书约有700多部（种），其中有几部大书，一部可以包括数百种、数千种之多，如《四库全书》《四库全书荟要》《古今图书集成》等。随着宫廷编书、刻书的兴盛和大量书籍收入宫廷，宫中藏书也越来越丰富，为此专门用来收贮书籍的楼堂殿阁，也在宫廷中相继而设。其中以文渊阁、昭仁殿、摛藻堂等最具特色。

文渊阁是清代宫中建成的一座最大的藏书楼，是专为收贮《四库全书》而建。乾隆三十八年（1773年）为编纂《四库全书》开设"四库全书馆"；三十九年下诏兴建藏书楼，命于文华殿后规度适宜方位，创建文渊阁，用于藏贮《四库全书》。（图184）

文渊阁坐北面南，阁制仿浙江宁波天一阁构置。外观为上下两层，腰檐之处设暗层。阁面阔六间，西尽间设楼梯连通上下。两侧山墙以磨砖对缝砌筑，顶为歇

图184　文渊阁

图 185　文渊阁碑亭

山黑琉璃瓦顶，绿琉璃瓦剪边，喻义黑主水，以水压火，以保藏书楼的安全。檐下倒挂楣子、前廊回纹木栏杆，加之绿色柱子和清新悦目的苏式彩画，颇具江南庭园建筑的风格。阁前有池，引入金水河水，池上架一石桥，水池周围和桥上栏板都雕刻有水生动物图案，秀气精美。阁后湖石堆砌成山，势如屏障，其间植以松柏，历时 230 余年，苍劲挺拔，郁郁葱葱。阁的东侧建一碑亭，盝顶黄琉璃瓦，造型独特。亭内立石碑一通，正面镌刻有乾隆皇帝撰写的《文渊阁记》，背面刻有文渊阁赐宴御制诗。（图 185 ）

乾隆四十一年（1776 年）文渊阁建

成。此后，皇帝每年在此举行经筵后的宴会活动。四十七年（1782 年）《四库全书》告成之时，乾隆皇帝在文渊阁设宴赏赐编纂《四库全书》的各级官员，盛况空前。当年，《四库全书》连同《古今图书集成》入藏文渊阁，按经、史、子集四部分架放置。以经部 22 架和《四库全书总目考证》、《古今图书集成》放置一层，并在一层明间设皇帝宝座，为讲经筵之处（图 186 ）；二层中三间与一层相通，周围设楼板，置书架，放史部书 33 架。二层为暗层，光线极弱，只能藏书，不利阅览；三层除西尽间为楼梯间外，其他五间连通，间以书架间隔，空间利用自如，且宽敞明亮，子部书 22 架、集部书 28 架存放在此，中间设御榻，备皇帝随时登阁览阅。

《四库全书》共 79030 卷，36000 册，分经史子集四部，分装 6750 函。全书以丝绢作书皮，其中经部书为褐色绢，史部书为红色绢，子部书为黄色绢，集部书为灰色绢，分别贮于楠木书匣中，再放置在书架上，十分考究。（图 187 ）乾隆皇帝也为有如此豪华的藏书规模感到骄傲，曾作诗曰："丙申高阁秩千歌，今喜书成邺架罗……鼓瑟吹笙筐将是，庆兹日丽与风和。"清宫规定，大臣官员之中如有嗜好古书，勤于学习者，经允许可以到阁中阅览书籍，但不得损害书籍，更不许携带书籍出阁。

《四库全书》编成后，最初抄录正本

图 186　文渊阁内景

四部，除一部藏文渊阁外，另三部分别藏
于北京圆明园的文源阁、承德避暑山庄的
文津阁、沈阳故宫的文溯阁，四阁又称"北
四阁"。后又抄三部分藏于"南三阁"，即
镇江的文宗阁、扬州的文汇阁和杭州的文

图 187　《四库全书》

澜阁。七部之中又以文渊、文源、文津三
阁藏本最为精致，疏漏较少。文宗、文汇、
文源各本已亡失。现存四部中，文渊阁本
现藏台北故宫博物院；文津阁本现藏北京
图书馆；文溯阁本现藏甘肃省图书馆；文
澜阁本散佚后补抄复原现藏浙江省图书
馆。七阁之中仅存文渊、文津、文溯、文
澜四阁。圆明园的文源阁与其藏书在第一
次鸦片战争中英法联军焚烧圆明园时烧
毁；文宗、文汇阁在咸丰三年（1853 年）
清军镇压太平天国的战火中被焚毁；文澜
阁曾毁于咸丰十一年（1861 年），现存文
澜阁为光绪六年（1880 年）重建。

　　昭仁殿是乾清宫东侧的一座三开间

小殿，是清朝皇帝经常光顾读书的地方。（图188）乾隆九年（1744年）下诏从宫中各处藏书中收集选出善本呈览，并列架于昭仁殿内收藏，乾隆皇帝亲笔题"天禄琳琅"匾挂于殿内。（图189）四十年，又命大臣重新整理，剔除赝刻，编成《天禄琳琅书目前编》10卷，记载了每一部书的刊印年代、流传、收藏、鉴别等情况。当时昭仁殿共有宋金元明版藏书429部。乾隆四十八年（1783年），乾隆皇帝认为南宋岳珂所校刻的《易》、《书》、《诗》、《礼记》、《春秋》五经十分重要，命诸臣在昭仁殿后室特辟一小室，赐名"五经萃室"，御题匾额，悬于室内，并设围屏，上刻"五经萃室记"，旁有联曰："有秋历览登三辅，旰食惟期协九经。"（图190）后嘉庆皇帝

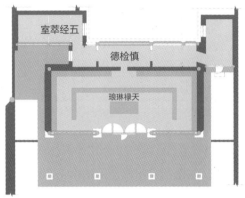

图188　昭仁殿平面示意图

图189　昭仁殿内景

图 190　昭仁殿后五经萃室

图 191 摛藻堂外景

亦常临室阅览，并作有《五经萃室观书诗》。嘉庆二年（1797 年）十月，乾清宫失火，大火延烧昭仁殿，天禄琳琅珍贵藏书被焚为灰烬。同月嘉庆皇帝命重辑《天禄琳琅续编》，于次年完成，所辑达 659 部，12258 册，宋辽金元明五朝刊本俱全。其中好的宋本，都有乾隆皇帝题识，钤有"古稀天子之宝""乾隆御览之宝"等印，以示珍贵。昭仁殿藏书宋金版本用锦函，元版本用青绢函，明版本用褐色绢函，分架排列，备皇帝到此随时览阅。

摛藻堂是宫中的一处藏书之地，位于御花园东北隅，坐北朝南，左靠高耸的堆秀山，前临一池碧水，藏于浮碧亭后，环境幽雅宁静。（图 191）摛藻堂藏书以经史子集四部分置。乾隆三十八年在下令编修《四库全书》时，复命择其精华者录为荟要，并说："全书卷帙浩如渊海，将来庋弃宫廷，不啻连楹充栋，检玩为难。惟摛藻堂向为宫中陈设书籍之所，牙签插架，原按《四库》

图 192　乾清宫西梢间存放清《本纪》《实录》

编排，朕每憩此观书取携最便。着于全书中撷其精华,缮为荟要,其编式一如《全书》之列。盖彼极其博，此取其精，不相妨而适相助，庶缥缃罗列，得以随时流览，更足资好古敏求之益。"《四库全书荟要》一共完成两部：第一部成书于乾隆四十四年，收贮于摛藻堂；第二部于次年完成，存圆明园内长春园的味腴书室。咸丰十年（1860年）英法联军火烧圆明园时被焚。存摛藻堂一部有"摛藻堂印"，现藏台北故宫博物院。

此外如乾清宫、养心殿、圆明园等处皇帝日常朝政、读书、居住、休息的场所，也都收贮、摆放许多书籍，备皇帝随时阅览。（图 192）

宫中各处所藏书籍都由内务府派专人保管，定时检查、晾晒，放置驱虫药剂，防止书籍潮湿、霉变、虫咬。由此措施，宫中丰富藏书得以完好保存下来。

十五、书房学堂

　　明清两代皇帝对皇子们的教育都非常重视。

　　明太祖朱元璋曾说："朕诸子将有天下国家之责"，"不求明师教之，岂爱子弟不如金玉邪"？故必"因其材力，各俾造就"。明代皇子出阁讲学，为皇子讲学的地方称学堂，任用最为博学的大臣做皇子们的师傅。

　　明代立皇太子，因此对皇太子的教育更为突出，皇太子单独设教，为其选择专门的师傅，讲授儒家经典。天顺时期读书处为文华殿后殿。出阁讲学，有一定的礼仪。"初出阁仪，是日早，执事等官于文华后殿行四拜礼。皇太子升文华殿，师保等官于丹陛上行四拜礼，各官退出。皇太子至后殿升座，进书案，内侍展书，侍读讲官以次进讲，叩头而退。"

　　对于年幼继位的小皇帝更是要让其学习更深的道理。隆庆六年（1572年），年仅10岁的朱翊钧登基，即万历皇帝。万历初年，内阁首辅、大学士张居正指导万

图 193 《帝鉴图说》

历皇帝读书，安排课程，并为新继位的小皇帝编写了一部教材，书名《帝鉴图说》。（图 193）书中集历代皇帝所做的善事、恶事百余件，绘成图画，再用通俗易懂的语言，讲给皇帝听，培养其治国安邦的本领。由于此书以看图明义的方式达到教育目的，易于皇帝了解，因此也被清代宫廷选作小皇帝的读物。

　　清代自顺治时就设有专门管理皇子读书的机构——上书房。康熙时设在西华门内南薰殿西侧的长房等处。康熙皇帝着眼于对皇子的培养，认为："自古帝王，莫不以预教储贰为国家根本，朕恐皇太子不

深通学问，即未能明达治体，是以孳孳在命，面命耳提，自幼时勤加教育，训以礼节，不使一日遐免。"并说："朕谨识祖宗家训，文武要务并行，讲肄骑射不敢少废，故令皇太子、皇子等既课以读书，兼令娴习骑射。"对皇太子允礽督教甚严，曾亲自教其读书识字，先后礼聘当时名儒大学士张英、李光地、熊赐履，礼部尚书汤斌等人为太子师傅。后废太子，并不立皇太子，因此清代没有皇太子出阁讲学、每日讲读的制度。

雍正初年，皇子读书处先后曾有西华门内南薰殿西长房、咸安宫以及兆祥所等处，雍正皇帝为了便于自己直接监督皇子们的学习，将乾清门内东侧北向五间庑房

作"上书房"，为皇子、皇孙和部分前代皇子、个别额附的读书处。注重通过上书房延师施教。雍正七年御题："立身以至诚为本，读书以明理为先。"恩赐悬挂上书房。乾隆皇帝有诗曰："文明雅化敷重译，咫尺奎章贲玉除；妙义直须十四字，至言已胜万言书。天颜有喜龙鸾动，缃案承恩雨露舒；从此就将当益奋，敢违提训复居诸。"上书房中因挂有"前垂天贶"、"中天景运"、"后天不老"三匾，而有"三天"之称。（图194）

上书房所学课程分为两种，一是汉文经史，读的书籍为《四书》《五经》《性理纲目》《大学衍义》《古文渊鉴》等，由汉文师傅教习。一是蒙语、国语（满语）、

图194　上书房外景

拉弓射箭，教习皇子的谙达（清语教习皇子的人）数人。上书房汉文师傅一般都是翰林院出身。师傅之上设总师傅，多由皇帝亲信大臣兼任，负责稽察一切事务，非每日入值。师傅们教书各有规程，不勉强一律。大致每日清书不过四刻，其余均汉课。早餐后至午餐读生熟书，午餐后写字，念古文、古诗，年稍长加看《通鉴》。作诗、作论日则减去写字。

上书房还设有为皇子拜孔子行礼的祀孔处，有乾隆皇帝御笔匾"与天地参"。清朝规定，皇子、皇孙、曾孙及近支王公子弟年届六岁者都要入上书房读书。初次入学之日，上书房学生还要到上书房旁的祀孔处向至圣先师孔子、四配（颜子、曾子、子思子、孟子）诸圣贤牌位前行礼。随后与师傅预备桌椅，将书籍笔砚安放桌上，皇子向师傅行礼。雍正初年曾定师徒相见之礼，鄂尔泰、张廷玉为上书房总师傅，皇子北面揖之，二人立受。初拜其他师傅，如师傅不肯受礼，皇子可向座一揖，以师儒之礼相敬。雍正皇帝说："如此，则皇子知隆重师傅，师傅等得以尽心教导。此古礼也。"授读师傅与读书者每日至书房，各以拉手为礼。初至书房者彼此相揖。师徒平日相见互揖为礼。

乾隆元年，乾隆皇帝任命大学士鄂尔泰、张廷玉、朱轼等六人为皇子师傅，开学的第一天，召见皇子和师傅们，告诫道：

"皇子年齿虽幼，然陶淑涵养之功必自幼龄始，卿等可殚心教导之。"并说："倘不率教，卿等不妨过于严厉。从来设教之道，严有益而宽多损。将来皇子长成自知之也。"并谆谆告知皇子们："师傅之教当所受无遗。"因此，上书房的师傅对皇子们的管理也是很严的，各屋都备有夏楚（即打手板），如有违反学规者，照例是可以打手板，也可以罚站，但由于是皇族子弟，是不允许罚跪的。

宫中学规很严，皇子入学，先入宫请安，以两红灯前导，时天尚未明。"每日届早班之朝，率以五更入，时部院百官未有至者……然已有白纱灯一点入隆宗门，则皇子入书房也。既入书房，作诗文，每日皆有课程，未刻毕，则又有满洲师傅教国书，习国语及骑射等事，薄暮始休……"虽严寒酷暑而不辍。一年之中只有逢元旦、万寿节、端午节、中秋节及本人生日时放假一天。皇子们的早饭（晨 7 点半）和晚饭（中午 12 点）均送至书房的下屋。如届时功课未完或被师傅罚书罚字，只能等师傅准许去吃饭方能去，随侍的内谙达、太监等无人敢催促。下书房时亦是如此，须得到师傅的同意方可离去。

上书房旁有皇子休息饮茶的阿哥茶房，并派太监四名，负责供献祀孔处的香烛及上书房等处陈设、洒扫、坐更等事。

上书房的师傅准许戴便帽，吃烟，无

热时准摘帽脱褂。夏令之时，朝散后准换纱衫，但不准解带。每日读书之屋准备灯烛及预备师傅的早茶和午茶。上书房师傅们只用晚饭。

上书房各处太监不许在窗外行走。遇有差使，均由丹墀往返。随侍内外人等均在窗外及明间听差，闻唤始入。有语言喧哗不守规矩者，严加惩办。

上书房的设立，为清代皇族子弟的教育培养做出了贡献。乾隆皇帝在上书房读书数年，对上书房的师傅多有褒奖。如蔡闻之，侧重读书之功用，故弘历从业 8 年，说"吾得学之用"；朱可亭对经学很有研究，弘历从业 13 年，说"吾得学之体"；龙翰福以授课能多方诱读为长，弘历幼年受教于龙，说"吾得学之基"，乾隆即位后以优礼授之为大学士。

上书房自雍正初年迁至内廷，经乾嘉道到咸丰年，以后同治、光绪、宣统朝均为幼帝登基且又无子，因此上书房不再使用。同治皇帝亲政前曾奉慈安、慈禧两宫皇太后的懿旨，在乾清宫西侧的弘德殿读书（图 195），时以惠亲王绵愉行辈最尊、品行端正，命在弘德殿专司皇帝读书事，并令其子奕详、奕询伴读，祁寯藻、翁同龢授读，时有弘德殿书房之称。光绪皇帝亲政前读书是在奉先殿西侧的毓庆宫，所学内容虽以汉学为主，但也学些英文等科目。光绪帝的英文师傅德龄每日进宫教习

一小时，称光绪皇帝英文发音不甚清晰，但英文书法却是异常秀艳。光绪年间虽无皇子，但亦注重对贵胄的培养教育。光绪三十一年（1905 年），成立陆军贵胄学堂，以庆亲王奕劻为管理大臣，冯国璋为总办，次年四月开学，设军事、天文、地理、历史、算术等科目，对八旗贵胄进行新式教育。

清代最后一个皇帝溥仪只做了三年小皇帝，退位后仍住在内廷，闲暇轻松。此时书报很多，宫中也订些报刊，供皇帝阅览。被皇室聘为溥仪的英文教师庄士敦（1874 ~ 1938 年），在宫中授课地点也是在毓庆宫。溥仪深受庄士敦的影响，同时也很欣赏庄士敦，曾赐他头品顶戴、毓庆宫行走、紫禁城内赏乘二人肩舆等殊荣。师生关系很好。为了让其陪伴溥仪，特将御花园中的养性斋作为庄士敦休息的场所，表现出皇室对师傅们的厚爱。（图 196）

明清两代，宫中都设有官办的学堂。

明代宫中学堂称内书堂，自宣德年间创建，选十岁左右的小内侍入内读书，以词臣教授，所学为《百家姓》《千字文》《孝经》《大学》《中庸》《论语》《孟子》《千家诗》《神童诗》之类。内书堂为明代朝廷培养了一批有知识的宦官，以至有人认为明朝宦官窃权专政与通文义有关。明代宫中也教授女子读书，选太监中读书多、善楷书、有德行的人任教师。所读书目除儒家经典外，主要以《孝经》《女训》《女诫》《内则》

图 195 清人画载淳写字像轴

图196　养性斋

等为主，学规也是很严格。但是若能学而通者，即可升为女秀才、女史、宫正司六局掌印等，称之为女官。

清代则重视对八旗子弟的教育。顺治十年（1653年）设立了"左右两翼宗学"，为清代贵胄之学校。雍正七年（1729年）设立了"八旗觉罗学"，次等的贵族学校，以及八旗子弟学校"八旗官学"和内务府所属的学校"长房官学"等。康熙二十四年（1685年），曾在神武门外北上门东西连房设立学房，因近景山，故称之为景山官学。内分设清书房、汉书房，选内务府佐领、内管领下闲散幼童360名入学学习。每人每月给银一两，视其学业，好者录用，顽劣者革退。此举为清廷内务府选送了一批能书善射之人。

雍正时期，为加强对宗室、八旗子弟的教育，同时也感到景山官学学生学业不好，决定再设一处官学，其址选在内廷外西路的一处院落——咸安宫，以利临近内廷，便于督查。雍正六年（1728年）发出谕旨："咸安宫内房屋现在空闲，看景山官学学生功课未专，于内务府佐领管领下幼童及官学生内选其俊者五、六十名或百余名，委派翰林等，即着住居咸安宫教习。彼处房屋亦多，还有射箭之处。其学房、住房，尔等酌量分隔修理，着令居住。再挑选乌拉人几名，于伊等读书之暇，令其教授清语、弓马。伊等皆系幼童，有欲带仆人者准其各带一人，几日后着回家看望一次。"七年七月正式开学上课。分派各翰林教汉文，三名乌拉教清语和弓马。以咸安宫前大通道为练习步射场地。宫内恭悬雍正六年关于筹建咸安宫官学的谕旨。从此，在紫禁城内出现了为内务府子弟开办的学校。因学舍设在咸安宫，学校命名为"咸安宫官学"。

咸安宫官学隶属于内务府。由内务府大臣一人为总管，对学校进行督促检查。

雍正皇帝视咸安宫官学为成材之地，十分重视，因此一切待遇体制均在八旗官学和景山官学之上。凡入学子弟不但免丁粮、每月发银二两，而且所用笔墨纸砚、弓箭、马匹等，全由宫中配给，各衙门对官生也都以礼相待。学校设汉书课，选汉人教习《四书》、《五经》、诗赋、策论、制义文（八股文）等，并练习书写汉字；由满人教习满文，学习满文翻译；同时也不忘武功，教习步射、骑射。咸安宫官学学制五年，经考试得一、二等给七品、八品笔帖式（文书），并赐笔墨、缎疋等。八旗及内务府官员子弟只要进入咸安宫官学，就为他们进入仕途开辟了道路。乾隆年间，最受乾隆皇帝赏识、对清朝政治、经济、军事、文化等方面都产生了一定影响的重要人物和珅，就是以咸安宫官学生任銮仪卫的侍卫，后平步青云，成为乾隆皇帝的宠臣。

乾隆十二年（1655年）在咸安宫官学

图197 "咸安门"匾

内增设蒙古学房，教授蒙古文等。十六年，乾隆皇帝为其母六十岁祝寿，将咸安宫改建为寿安宫，作为皇太后的宫殿。咸安宫官学则迁至西华门内原尚衣监处，作为临时校舍，学员学习成绩开始下降，散漫之气日盛。为此乾隆皇帝对学校进行了整顿，令词臣为其拟联："行庆恩深，阳春资发育；右文典重，云汉仰昭回。"以此鞭策学生好好学习。并于二十五年（1760年）在尚衣监西边为咸安宫官学新建校舍27间，宫门挂匾"咸安门"（图197），门两侧有耳房，保留了古代书塾的形制。（图198）

对官学的整顿虽有了好的转机，但八旗子弟骄横懒怠的陋习，使他们无心用功读书。清晚期国势渐衰，已无力支付官学

图 198 咸安门西侧耳房

图 199 咸安门

的开支。光绪二十八年（1902 年），将咸安宫官学迁出宫外，改为若干所小学，历时二百多年的咸安宫官学遂废止。1914年，古物陈列所在其故址上新建文物库房，现仅存咸安宫宫门一座（图 199），是为这一历史的见证。

十六、帝王家庙

祭祖，在中国封建社会里曾是家家户户最为隆重的祭祀活动。帝王之家祭祖有祖庙，周礼定制，在宫城外左侧。《周礼·考工记》中"左祖右社，面朝后市"的左祖即太庙。（图 200）

明初于南京宫殿外南侧东西分别建太庙和社稷坛。在太庙中分建四庙，德祖居中，懿祖东第一庙，熙祖西第一庙，仁祖

图 200　太庙外景

东第二庙,是为昭穆之制。洪武元年(1368年)定以四时孟月及岁除凡五享。洪武九年(1376年)改建太庙,其制为前殿后寝,翼以两庑,寝殿九间,一间为一室。中一室奉安德祖帝后神主,懿祖东第一室,熙祖西第一室,仁祖东第二室,亲王配享于东壁,功臣配享于西壁,是为祖庙建制的形式之一"同堂异室"之制。洪武三年(1370年)十二月,朱元璋以"太庙时享(三个月一次)未足以展孝思",又在内廷乾清宫东侧建家庙奉先殿,以太庙像外朝,奉先殿像内朝,可以朝夕焚香,朔望瞻拜,时节献新,生日、忌日致祭,用常馔,行家人礼。

永乐迁都北京时,祖庙之制一如南京宫殿,于紫禁城内也建有奉先殿。奉先殿为前殿后寝形式,前殿是举行祭享仪式的地方,后殿平日奉安列圣列后神牌,中间以穿堂廊连接成工字殿形式,坐落在汉白玉石须弥座上。(图 201)清朝定制,凡是先于皇帝去世的皇后神主暂时安放在夹室。凡遇朔望、万寿圣节、元旦、冬至及国有大庆等大祭仪式,都在前殿举行。后殿面阔九间,进深两间,单檐庑殿顶。后

图 201　奉先殿外景

图 202　太庙后殿内景

檐不设窗，依九间分为九室，分别供奉列
圣列后神牌，每室各设神龛、宝床、宝椅、
楎椸（衣架），前设供案、灯檠。（图 202、
203）这种一殿分数室，分别供奉的布局，
亦为"同堂异室"。

　　明代奉安神位仪：是日，皇帝奉神主
奉安于太庙讫，仍祭服升辂，诣几筵殿奉
迎神位。内侍举神位亭前行，皇帝后随，
入奉先殿，奉安神位讫，行祭告礼，用酒果、
用乐、用祝文。

　　嘉靖中，每遇圣节及中元、冬至、岁暮，
皆有祭告。先期太常寺题奏，光禄寺办祭
品。至期内殿行荐。

　　家庙所供物品，各月不同，每日不同，
所谓月荐新，日供养，且都是新鲜上好的
食物。每月荐新：

　　正月：韭菜、生菜、荠菜、鸡子、鸭子。

　　二月：芹菜、苔菜、冰、蒌蒿、子鹅。

　　三月：鲤鱼。

　　四月：樱桃、杏子、青梅、王瓜、雉鸡、猪。

图203　太庙后殿内景

五月：桃子、李子、至李子、红豆、砂糖、来禽、茄子、大麦仁、小麦面、嫩鸡。

六月：莲蓬、甜瓜、西瓜、冬瓜。

七月：枣子、葡萄、梨、鲜菱、芡实、雪梨。

八月：藕、芋苗、茭白、嫩姜、粳米、粟米、稷米、鳜鱼。

九月：橙子、栗子、小红豆、沙糖、鳊鱼。

十月：柑子、橘子、山药、兔、蜜。

十一月：甘蔗、鹿、雁、荞麦面、红豆、砂糖。

十二月：菠菜、芥菜、鲫鱼、白鱼。

奉先殿与太庙不同之处是没有祧庙（奉安远祖神牌的地方）。清代太祖、太宗、世祖三朝的御容一向收供在外朝体仁阁，也没有展谒献祭的礼仪。乾隆十五年重修寿皇殿后，将三朝御容收奉在寿皇殿左侧的衍庆殿，犹如祧庙之制。

嘉庆年间，又定内殿之祭：清明、中元、圣诞、冬至、正旦，皆有祝文。两宫寿旦，皇后并妃嫔生日，立春、元宵、四月八日、端阳、中秋、重阳、十二月八日，大凡祭方泽、朝日、夕月、出告、回参，册封告祭，朔望行礼，都在奉先殿举行。清代不仅保留了奉先殿祭祖之制，且祭享仪式也比明代隆重，要日献食、月荐新，朔望朝谒，出入启告。遇列帝列后诞辰、忌辰及各节令、庆典，都要到后殿上香行礼。遇当朝皇太后、皇帝诞辰及元旦、冬至、国有大庆，还要将列帝、列后神牌移到前殿祭享。凡上徽号、册立、册封、御经筵、耕耤、谒陵、巡狩回銮及诸庆典，均祇告于后殿。

清代奉先殿月荐新：

正月：鲤鱼、青韭、鸭卵；

二月：莴苣菜、菠菜、小葱、芹菜花、鳜鱼；

三月：黄瓜蓂、蒿菜、云台菜、茼蒿菜、水萝卜；

四月：樱桃、茄子、雏鸡；

五月：杏、李、蕨菜、香瓜子、鹅桃、桑椹；

六月：杜梨、西瓜、葡萄、苹果；

七月：梨、莲子、榛仁、藕、野鸡；

八月：山药、栗实、野鸭；

九月：柿、雁；

十月：松仁、软枣、蘑菇、木耳；

十一月：银鱼、鹿肉；

十二月：蓼芽、绿豆芽、兔、鳇鱼。

另有豌豆、大麦、文官果，为奉旨特荐新品。

祭家庙的物品带有满族特色，有的物品甚至从千里之外运到京城，因运输不便，使水果等供品鲜色大减，因此乾隆年有大臣提议，将鸭梨等水果移植京师附近栽种，以保持祭品的新鲜。

十七、斋戒斋宫

　　斋戒，是对受祭者表示诚敬的一种礼仪。祭祀活动是宫廷中的重要典礼活动，明清两代统治者对此都十分重视。祭祀活动分为大祀、中祀、小祀（群祀）三个等级：清代以祭天地、太庙、社稷等为大祀；以祭日、月、历代帝王、先师孔子、先农、先蚕等为中祀；以先医、龙王庙、贤良祠、昭忠祠等为小祀。大祀皇帝要亲祀，中祀大部分遣官致祭，群祀则全部由皇帝派遣的官员致祭。凡遇皇帝亲临祭祀时，则要先期斋戒，斋戒时间视祭祀等级而定。一般大祀斋戒三日，中祀斋戒二日。凡斋戒必于前一日沐浴更衣，斋戒日不饮酒，不作乐，不吃荤，整洁心身，以示敬诚。斋戒时进铜人，为皇帝斋戒时所用器物。明洪武二年命礼部铸铜人，高一尺五寸，手执牙简，大祀书"斋戒三日"，中祀书"斋戒二日"。

　　明代天地坛都有斋宫，如在宫中斋戒，多在外朝西侧的武英殿。

　　清代前期，祭祀天地前的斋戒均在天地坛进行。胤禛即位后，鉴于康熙时期诸皇子之间储位之争，以及即位之后诸皇子与新君的斗争，出于个人安全考虑，将祭祀天地前的斋戒仪式改在宫中进行。雍正九年（1731 年）又在紫禁城内兴建斋宫，作为皇帝行祭天祀地典礼前的斋戒之所，斋戒仪式就多在宫中进行，并定"南郊、祈谷、常雩，例于祭前三日，上御大内斋宫；北郊、太庙、社稷飨祀，均于养心殿致斋"。南郊（祭天）、祈谷（祈求丰收）、常雩（圜丘求雨之祭）属大礼，遇大礼，皇帝要到斋宫斋戒，以表精诚之意。

　　斋宫位于内廷乾清宫东侧的东六宫南，毓庆宫西，明代弘孝、神霄等殿旧址。（图 204）前后两进院，前设琉璃门。（图 205）正殿斋宫面阔五间，前出抱厦，左右转角廊与东西配殿相连，形成三合院带转角的格局。殿内悬"敬天"匾，乾隆皇帝御笔。室内藻井、龙纹天花，正中浑金蟠龙。东暖阁为书屋，西暖阁为佛堂。后寝宫初名孚颙殿，后改为诚肃殿，面阔 7 间，黄琉璃瓦歇山顶。殿东

图 204　斋宫外景

图 205　斋宫前琉璃门

西耳房各 2 间。东西各设游廊 11 间，与前殿相接。（图 206）斋宫北墙西侧有角门，可通东六宫。

　　清代遇皇帝宿斋宫斋戒，亦进铜人。《清会典》载："铜人立形，手执斋戒铜牌。"皇帝在宫中斋戒时将其设于斋宫丹陛左，在天坛斋戒时，铜人设于斋宫内无梁殿前的铜人亭内。自雍正十年始，致斋之日皇帝与王公大臣、宫中行走皆佩戴斋戒牌。（图 207）斋戒牌广一寸，长二寸，虽然《清会典》有"斋戒牌木制，饰以黄纸，以清汉文书斋戒日期"的记载，然其形制、质地确各有不同，有方形，也有圆形；有银质、

玉质、木质，也有象牙质的，悬于衣襟之前。斋宫距东六宫的景阳宫、延禧宫较近，遇斋日，宫眷不得在此行走。斋戒期内，宫中各门额均悬挂斋戒木牌，结束后方可撤去。如遇祭祀天坛，斋戒三日，皇帝在斋宫只住两日，第三日住坛内斋宫。大礼斋戒，不作乐，不饮酒，忌辛辣；不进本章，不办事件，以昭虔敬。

　　皇帝斋戒，若不亲宿斋宫，即在养心殿。养心殿东暖阁分前后室。后室 2 间，东 1 间小室，无窗，内有仙楼，为供佛之处，室内有床，为皇帝在养心殿斋戒时的寝室。西 1 间虚分两室，北有方窗，下设宝座。

图 206　诚肃殿

图 207　画珐琅云
蝠纹斋戒牌（清）

室内曾悬额曰"随安室""寄所托"等匾，均为御笔。《国朝宫史》载："皇帝斋戒之礼，恭遇祀宗庙、社稷，斋戒三日，群祀斋戒二日，并于养心殿。"有乾隆《御制养心殿斋居诗》。咸丰八年（1858年）四月四日为常雩大祀，此前咸丰皇帝谕内阁："朕因疾尚未如常，恐升降拜跪，不足以昭诚敬，著派恭亲王奕訢恭代行礼。初一日、初二日，在禁城内斋宿。初三日在坛内斋宿。此次大祀，朕虽未能亲诣，仍于初一日进宫，在养心殿敬谨致斋。"（《清文宗实录》）养心殿斋戒，除刑部外，其余各衙门照常进本章，以防事件积压。

十八、宗教世界

紫禁城中有大量用于宗教祭祀活动的建筑。明代宫中就设有佛堂和道场，宗教活动不断。清初，满族萨满教和藏传佛教也进入宫中，还有儒家所崇拜的先师先圣之堂，因此形成了各类宗教形式并存于宫中的现象。

1. 佛堂

佛堂在清宫中为数最多。佛堂分为两类，一类是汉佛堂，一类是藏传佛教佛堂。

汉佛堂为明代所建，目前宫中仅存有英华殿一区，为明清两代皇太后及太妃、太嫔们礼佛之处。英华殿一区位于内廷西北角，外有宫墙环护，东西宽 70 米，南北长 104 米，占地 7000 多平方米。建筑疏朗，环境幽静。（图 208）

英华殿大佛堂建筑规格较高，为面阔五间单檐黄琉璃瓦庑殿式顶，三交六碗棱花隔扇门窗。殿内设有西番佛像。殿的左右各有垛殿三间，殿前出月台，中设香炉一座，前接高台甬路与英华门相接，门的

两侧琉璃影壁中的仙鹤姿态生动，为明代遗物。（图 209）清代乾隆年间在殿前甬路中央添建碑亭一座，亭中石碑之上刻有乾隆御制英华殿菩提树诗。（图 210）英华殿院内有菩提树两株，为明代神宗生母圣慈李太后手植。每年盛夏开花，花为黄色，有菩提子，缀于叶子背面，秋季其子落地，颗小色黄莹润，可用做念经用的串珠，乾隆皇帝曾题有《菩提树数珠》诗。清代英华殿仍以汉佛堂形式保留下来，供太皇太后，及皇太后、太妃、太嫔们在此拈香礼佛。

藏传佛教佛堂散见于内廷各处，至今仍有众多佛堂保留着原状。藏传佛教自 13 世纪传入内地，得到元代统治者的信奉，明清时期的统治者都奉行扶植藏传佛教的政策。清代统治者更是把扶植藏传佛教作为治理蒙藏地区、巩固政权统治的重要手段，故清廷对藏传佛教十分重视，藏传佛教的佛堂也因此在宫廷内逐渐增多。

清康熙年间，特设专门管理宫中藏

图 208　英华殿

图 209　英华门

传佛教事务的机构"中正殿念经处",主办宫中喇嘛念经,造办佛像、法器、供器等事务,将佛事活动作为一项制度列入《大清会典》中,确定了藏传佛教在宫中的地位。乾隆时期是宫中藏传佛教活动的顶峰,乾隆皇帝师从三世章嘉若必多吉活佛,学习密宗佛法,散见于宫中各处众多的佛堂大都是乾隆朝所建,形成了宫中各处专用佛堂。佛堂内的环境装饰、法器陈设均按教义布置,为皇宫内佛堂专门制作的神像、神器、唐卡也都是最为精美华丽之作。

中正殿一组建筑是宫中最大的一处专用于佛教活动的建筑,是宫中佛教活动的中心。(图211)位于内廷西六宫的西侧,共有建筑十余座,从南至北位于轴线上的依次为雨花阁、宝华殿、香云亭、中正殿、淡远楼。中正殿是专供无量寿佛的殿堂,所念无量寿经也是为皇帝祝福长寿,是皇帝做佛事的佛殿,因此在宫中地位很高。殿前香云亭内设大小金塔7座,金佛5尊,又称为金塔殿,甚为精美,可惜于1923年与中正殿、淡远楼一同毁于建福宫花园的一场大火。

图210　英华殿碑亭

图 211　中正殿内景

香云亭前的宝华殿是一座三间小殿，内供释迦牟尼像。清代宫中每年一次在这里举办大型的佛事活动"送岁"和"跳布扎"。满语"跳布扎"，即俗称的"打鬼"。佛事活动所用的服装及铜鼓、面具、骷髅等道具都由宫中内务府准备，由喇嘛表演"跳布扎"。在宫中表演这种带有浓郁的西藏风格的宗教舞蹈，极有特色，届时皇帝也会亲临观看，十分隆重。（图 212）

宝华殿前有雨花阁及佛楼三座，都是乾隆十五年至三十三年之间所建。

雨花阁外观三层，在一、二层之间设有夹层，为明三暗四的楼阁式建筑，外观带有浓厚的西藏佛教建筑特点。（图 213、214）雨花阁是目前我国现存最完整的藏密四部即事部、行部、瑜伽部、

图 212　宝华殿

图 213　雨花阁外景

图 214 雨花阁画样

无上瑜伽部的神殿，严格按照藏密的四部设计。一层称智行层，悬挂着乾隆皇帝御笔匾额"智珠心印"，供奉无量寿佛，乾隆十九年添做的三座极精美的珐琅坛城，至今仍完好地保存在这里。（图215）二层为夹层，称奉行层，供佛9尊，中为菩提佛，左右供佛母、金刚各4尊，墙壁上挂满了"唐卡"，夹层微弱、暗淡的光线，衬出佛堂的神秘。（图216）三层供奉瑜珈部的五尊佛像，又称瑜珈层。四层为无上层，供奉密集、大威德、胜乐佛三尊，为双身像，即"欢喜佛"，青铜铸造，精美绝伦，为佛像中之精品。雨花阁既是一座神秘的佛楼，也是一座

大型的汉藏建筑合璧的代表作，雕龙穿插枋、柱头上的兽面装饰、山面镶嵌的佛龛、鎏金铜喇嘛塔宝顶以及铜镀金瓦顶及跃于脊上的四条金龙，都具有鲜明的藏式建筑风格。乾隆四十四年（1799年），用铜近一千斤，重造四条金龙和喇嘛塔宝顶。独特建筑形制，融于红墙黄瓦的宫殿建筑群中，更显光彩夺目。

雨花阁西北有一座坐西面东的小佛楼，称梵宗楼。虽仅三间，两层，供的佛却是宫中最大的一尊高1.72米的青铜佛像，称大威德怖畏金刚，以威猛降伏恶魔，是重要的护法神。乾隆皇帝将自己使用的盔甲、衣冠、兵器供奉在像前，将大威德

图 215　雨花阁一层坛城

图216　雨花阁暗层

作为战神来奉祀，因此这座小楼在宫中也是有着极为特殊的地位。

雨花阁前东西两座配楼曾经作为影堂，乾隆年间曾供奉三世章嘉和六世班禅的影像，表达了乾隆皇帝对班禅六世和章嘉国师的敬重和尊崇，体现了清统治者对藏传佛教的重视。

除中正殿一区外，宫中还有几处专用的佛堂，如慈宁宫花园中的慈荫楼、宝相楼、吉云楼、咸若馆，以及慈宁宫、寿康宫等处的大小佛堂，都是为皇太后和太妃们专设的

礼佛之处。养心殿及东西配殿也设有佛堂，为皇帝专用。宁寿宫一组建筑中的养性殿、梵华楼、吉云楼及宁寿宫花园等处也都设有佛堂，专供太上皇使用。（图217）

清宫中不仅佛堂多，佛事活动也最频繁。如中正殿一处全年365天都有喇嘛念经，雨花阁、养心殿、慈宁宫花园等佛堂每月有固定的念经天数。由于佛堂设在内廷，因此念经的喇嘛也多由太监充任。遇有元旦、圣寿等各种节日，做佛事更是宫中的一项重要活动。遇有丧事，喇嘛做法

图 217　梵华楼内景

事也是必不可少的。宫中佛事活动，成为清代宫廷生活中的重要组成部分。

清宫中设立众多的佛堂和频繁的佛事活动，也需要大量的佛教用品，如供器、供品、唐卡、佛像等。这些用品多为清宫造办处、中正殿念经处承做，也有各处贡献，由于是皇家佛堂使用，因此制作都十分精美，使清宫佛堂于神秘之中更显皇家高贵气派。清宫佛堂及其用品大都完好地保留了下来，这是藏传佛教的艺术宝库，是极为珍贵的文化遗产。

2. 道场

道教产生于中国，在历史上曾受到过很多朝代帝王的崇信和支持。唐高宗时以道教天尊老子为李氏祖先，尊为"太上玄元皇帝"，每州建道观一所。宋代编辑《道藏》，大建宫观，于太学置《道德经》、《庄子》、《列子》博士，道教大盛。元太祖忽必烈立全真教创始人丘处机为"大宗师"，掌管天下道教。明代皇帝信奉道教，不仅在宫内外建道场，还请道士为宫廷炼丹，求长生不老。清初一切典制悉沿明制，到康熙时期道教逐渐势微。乾隆时期有御史议应灭汰道士，乾隆皇帝虽未同意，却将太常寺道士乐官裁去，别选儒士为乐官，责令道士改业。宫中各处道场也都由太监道士管理，大刹道士气焰。由于清代朝廷崇奉佛教，因此道教在宫中地位较低。清代紫禁城中用于与道教有关的建筑不多，用途也多与宫中生活有关，而非传教义、养道士之用。

清代宫中用于道教的建筑主要有钦安殿、天穹宝殿和城隍庙三处。

钦安殿位于御花园内，是紫禁城中轴线上最北的一座殿堂，建于明代，嘉靖年间添建周围矮垣，自成院落。钦安殿重檐盝顶，面阔五间，进深三间，坐落在汉白玉石的须弥座台基之上，前出宽敞的月台，四周围以望柱栏板，盝顶之上置一鎏金宝顶，造型别致，为宫中仅有。乾隆年添建

前檐抱厦五间。（图 218）钦安殿石雕栏板刻技精湛，实为宫中精品。雕刻纹饰为穿花龙，其中北侧正中一块雕刻为水纹双龙图案，这在宫中栏板装饰中极为少见。从中国传统的阴阳五行学说来看，北属阴，主水。钦安殿即为宫中最北的殿堂，供奉玄天大帝，其义当以保宫殿平安。且殿前的天一门也取义"天一生水，地六成之"（图 219），院内夹杆石阶上雕刻的鱼、虾、龟、蟹、水怪、海水等图案，都体现了乞天赐水，以保宫殿平安。（图 220）难怪清宫在每年立春、立夏、立秋、立冬日，都要在钦安殿设道场，架起供案，皇帝亲自到神牌前

图 218　钦安殿外景

图219　天一门

图220　夹杆石

间单檐歇山顶，另有配房和群房数间，为道教活动场所，曾在此办天腊道场（正月初一日）、天诞道场（正月初九日）、万寿平安道场（皇帝生辰）。殿内曾挂有玉帝、吕祖、太乙、天尊等画像，皇帝也曾到此拈香祈雪、祈晴。

清雍正年间，雍正皇帝多在宫中居住，时有添建或改建数处建筑为道教所用。

城隍庙为清雍正四年（1726年）建添的一处独立的建筑群，位于紫禁城西北隅。庙为前后三进院落，有山门、庙门、正殿、配殿建筑10余座，共30余间。正殿内曾供奉紫禁城城隍之神，陈设经卷、法器。在紫禁城内建城隍庙，是用来保佑紫禁城的平安，每年万寿节和季秋遣内务府总管在此致祭。庙内定期设道场，每年三月、九月、十二月供用玉堂春花一对，朔望供素菜。至道光二十五年（1845年）后停止。

雍正年改御花园内的澄瑞亭前接抱厦，四面装护墙板，开门窗，内设斗坛；澄瑞亭后的位育斋，供观音一尊，韦驮一尊，关夫子一尊。万春亭内曾供关帝像。钦安殿西侧的四神祠，亭制八方，似仿道教八卦。所供四神说法不一，或称道教所说的青龙、白虎、朱雀、玄武四方之神；或为主风、云、雷、雨之神。

宫中建道场，或为祈雪、祈晴，或祈水，或祈神，保平安，保丰年，都是人对自然的祈盼，而非追求对道教教义的传播和崇拜。

拈香行礼。"天祭"日也要在此设醮进表，祀天保佑。这座清宫中的最大道教建筑得以延续保存下来，正是由于钦安殿这种特殊的作用。（图221）

明代宫中有嘉靖年建的玄极宝殿，奉嘉靖之父睿宗神牌，后改称玄穹宝殿，祀昊天上帝，位于内廷东六宫东侧。清康熙时，因避康熙皇帝讳，更名为天穹宝殿。虽有文献改玄为天，但额匾未变。殿为五

图221　钦安殿内景

3. 祭萨满

　　虽然藏传佛教在宫中地位极崇，道教也在宫中设有道场，但作为满族特有的萨满教依然保留了下来。萨满教是满民族固有的一种宗教形式，源于民族部落中的拜神活动，一直沿袭至清末。祭萨满以家祭形式表现，最初神位上只奉一版，俗称神版，也叫"祖宗版"，家家都设神位供奉。后来发展为木龛、神龛，龛中神位也由无主神向多神位过渡，除本民族固有的自然神、祖先神等，又将蒙古神，汉族的关帝神位，佛教中的观世音菩萨、释迦牟尼等，都纳入萨满教祭祀之神。

　　清宫萨满教祭祀的地点顺治年间选在皇后居住的坤宁宫，以明间西部依北、西、南三面墙安木榻通炕，亦称蔓枝炕、万字炕，为萨满祭祀场所。（图222、223）

　　萨满祭祀唯一的神职人员是萨满。民

图 222　坤宁宫内景

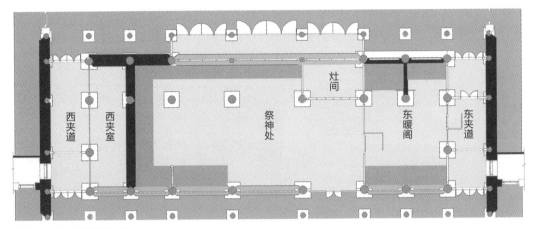

图 223 坤宁宫平面示意图

间的萨满多是男性，而宫中萨满是经过一定训练的觉罗家族女性成员。宫中的萨满祭神活动有萨满头目妇人 2 名，萨满妇人 10 名，分工举行。祭祀名目十分繁多，主要活动有 19 项，每一项中又有很多烦琐、重复的仪式。坤宁宫祭祀有大祭、四季献神、月祭、日祭等，有时帝后亲自参加。日祭中又有朝祭、夕祭，每天的朝祭、夕祭，要在坤宁宫内杀两口猪，在宫内肢解、煮熟后供奉，以慰神灵。（图 224）朝祭供神之肉，由参加祭祀的人员和值班大臣、侍卫就地分食，夕祭肉则交御膳房。夕祭中，萨满诵神歌、摇腰铃、作舞，并有琵琶、三弦、鼓等伴奏。宫中所祀之神，据《清会典事例》载，坤宁宫朝祭之神有释迦牟尼佛、观世音菩萨、关圣帝君；夕祭神有穆哩罕神、画像神、蒙古神。夕祭在申时（下午 4 点）前后开始。因夕祭有熄灭宫内灯烛及灶内之火，关门，诵神歌祷祝，然后开门，撤幕，点灯如初的过程，故夕祭又谓之背灯祭。祭毕，神位移放北炕神柜内。（图 225）

萨满在满族民间是人神之间的使者，一切天灾人祸，特别是疾病，由萨满跳神驱灾。而清朝宫廷，从皇帝到后宫主位以至官员等生病，都由太医院负责诊治。遇天气大旱，皇帝亲去天坛、龙王庙等处求雨。但清代为保存满洲文化，萨满祭祀自清初开始至清灭亡，相延两百余年，始终不停，说明其地位在清统治者的心目中始终未变。

宫中祀马神，有马神房，在城隍庙东，每年春秋二祀，派内务府大臣一员考察，上驷院卿员一人前往。春秋祀马神，明制属太仆寺，清制属上驷院。嘉庆年间规定，坤宁宫萨满等每日轮流前往马神房演习读念祷词，内务府大臣等轮流前往听其读念。

图 224　坤宁宫内的灶间

图 225　坤宁宫室内原状

十九、皇宫故宫

自明永乐十八年（1420年）建成北京城，永乐皇帝下诏迁都北京，紫禁城就成为明王朝统治的中心。明末李自成起义推翻了明朝，随之而来的是生机勃勃、更为强大的满族统治的清王朝。直到1911年辛亥革命推翻了清朝的统治，废除了中国封建社会几千年来的帝制，封建社会的最后一个皇帝——年仅六岁的溥仪，在隆裕太后颁发退位诏书后宣布退位，紫禁城结束了491年帝王之家的历史。

根据《清室优待条件》，清室人员可"暂居宫禁"，"日后迁居颐和园"这一条件，紫禁城被划分为南北两个区域，逊帝溥仪仍居住在保和殿以北的内廷，外朝地区为国民政府所辖。时在内外廷之间砌筑矮墙，以示分隔。

1913年北洋政府内务总长朱启钤呈明大总统袁世凯，拟将沈阳故宫、热河避暑山庄行宫两处所藏各种文物集中到北京故宫，筹办古物陈列所。1913年11月，沈阳、热河两地文物开始起运。1913年

12月29日，内务部正式下令筹办古物陈列所，派护军都统治格筹备古物陈列所事，以外朝西侧武英殿作为古物陈列所的筹备处。1914年2月，古物陈列所正式成立。1914年10月，历时一年，沈阳、热河两地文物陆续到京，共计运京文物1949箱，117700余件。文物运京之后，因为没有专用库房，一直存放在武英殿，而此时武英殿作为古物陈列所展室使用的改造工程已经开工，因此势必另外筹建库房。于是选在武英殿西侧，原清咸安宫官学的故址上新建文物库房。库房工程于1914年6月2日开工，1915年6月竣工后，交付古物陈列所使用。库房为三层西洋式楼房，因楼内所藏为"历代文物之所萃，品类最宏，举凡金石书画、陶瓷珠玉，罔不至珍且奇，极美且备"，故名曰"宝蕴楼"。

武英殿陈列室改建完成后，1914年10月10日民国国庆日，古物陈列所正式对外开放，紫禁城——这座皇家的宫殿从此向国人敞开了森严的大门。

此后，古物陈列所陆续将文华殿、太和殿、中和殿、保和殿辟为陈列室，将收藏的文物陈列展出。

溥仪在内廷居住至1924年出宫。期间仍使用宣统年号，役使太监、宫女，清朝的遗老旧臣，顶戴补服，向逊帝跪拜称臣。清皇室在北洋军阀政府的庇护下，一直在进行阴谋复辟帝制的活动，1917年闹了一场张勋复辟，拥立溥仪即位，恢复清王朝的丑剧。且宫中珍藏亦大量流散。1924年冯玉祥发动北京政变成功后，临时政府于11月4日修正了《清室优待条件》，决定清皇室即日移出宫禁。11月5日，担任京师卫戍司令的陆钟麟将军、警察总监张璧，会同教育文化界名流李煜瀛，前往紫禁城与内务府大臣绍英等人协商出宫事宜，上午9时，警卫司令部将驻神武门外护城河营房警察近500人缴械改编。鹿钟麟等与溥仪方面接洽，经反复协商，清皇室一拖再拖。在此情况下，鹿钟麟态度坚决，强令溥仪立即出宫。当日下午3时，溥仪携其妻婉容、姜文绣以及大臣、太监、宫女等数人离开紫禁城，前往其父载沣家即后海醇亲王府。（图226、227）两位太妃于11月21日搬出紫禁城，迁到北兵马司麒麟胡同大公主府。

鹿钟麟等在清室代表绍英、宝熙等引导下，查看了永寿宫等处宫殿，封存了交

图226　神武门前宫女出宫情景

图227　出神武门情景

泰殿的 23 颗印玺。（图 228、229）

1924 年 11 月 7 日晚 12 时，摄政内阁正式发布命令："修正清室优待条件，业经公布施行，着国务院组织善后委员会，会同清室近支人员，协同清理公产、私产，昭示大公。所有接收各公产，暂责成该委员会妥善保管，俟全部结束，即将宫禁一律开放，备充国立图书、博物馆等项之用，藉彰文化而垂久远。"

清室善后委员会聘请李煜瀛为委员

图 228　溥仪出宫后军警分组出发查封宫殿

图 229　鹿钟麟总司令及清室代表绍英等人检查永寿宫

长，负责组织清理清室财产及善后事宜。经过一年时间，完成了对清宫物品的初步查点，编辑出版了《清室善后委员会点查报告》。同时，聘请内阁教育总长易培基主持筹办图书馆、古物馆。清室善后委员会近一年的积极工作，为故宫博物院的成立做了大量的准备。在此基础上，又由于当时一些客观因素的影响，决定迅速成立故宫博物院，以彻底杜绝清皇室的复辟妄想。

1925 年 10 月 10 日下午 2 时，故宫博物院在乾清门举行了隆重的开院典礼。（图 230）李煜瀛报告筹备故宫博物院经过："自溥仪出宫，本会即从事点查故宫物品，并编有报告，逐期公布。现点查将次告竣，为履行本会条例，并遵照摄政内阁命令，组织了故宫博物院。内分古物、图书两馆。此事赖警卫司令部、警察厅及各机关与同仁之致力，方有今日之结果。"（图 231）鹿钟麟在讲话中说："大家听过'逼宫'这出戏。人们也指我去年所作之事为'逼宫'。但彼之'逼宫'为升官发财，或为做皇帝，我乃为民国而'逼宫'，为公而'逼宫'。"他的话，激起一片热烈的掌声。值此双十节，北京城万人空巷，人潮涌向故宫。为了庆祝开幕，故宫博物院特地将开幕当天及第二天票价从一元减为五角，优待参观两天。故宫博物院的成立及开放，吸引了大批观众，人们都想亲眼目睹这座宫廷禁地到底怎样情形。两天之中宫里宫

图 230　故宫博物院成立典礼现场

图 231　1925 年 10 月，李煜瀛在
故宫博物院成立大会上演讲

外人群挤成一片，特别是有关宫廷史事的陈列展室更是拥挤不堪，进出困难。故宫博物院的成立，使这座昔日的皇宫——宏伟的建筑和历代艺术珍品，变为全民族的共同财富。（图 232）

1948 年，"古物陈列所"正式并入故宫博物院。至此，故宫博物院承担起"完整故宫"保护和管理的职责。

图 232　从景山南望紫禁城

附录：故宫建筑大事记

明永乐四年（1406 年）永乐皇帝下诏以永乐五年五月建造北京宫殿。

十五年（1417 年）六月兴工。

十八年（1420 年）北京宫殿竣工。

十九年（1421 年）四月，奉天、华盖、谨身三大殿毁于火。

二十年（1422 年）乾清宫毁于火。

正统六年（1441 年）奉天、华盖、谨身三殿和乾清、坤宁两宫竣工。

十四年（1449 年）文渊阁毁于火。

正德九年（1514 年）乾清宫、坤宁宫毁于火。

十四年（1519 年）重建乾清宫、坤宁宫。

嘉靖四年（1525 年）营造仁寿宫。

十四年（1535 年）重建未央宫，并改东西六宫宫名，东六宫长安宫改为景仁宫，永宁宫改为承乾宫，咸阳宫改为钟粹宫，长寿宫改为延祺宫（后改延禧宫），永安宫改为永和宫，长阳宫改为景阳宫；西六宫长乐宫改为毓德宫（后改永寿宫），万安宫改为翊坤宫，寿昌宫改为储秀宫，未央宫改为启祥宫（后改为太极殿），长春宫改为永宁宫（后恢复长春宫），寿安宫改为咸福宫。修建钦安殿以祀真武大帝。改咸熙宫为咸安宫。

十五年（1536 年）建慈庆宫、慈宁宫为皇太后宫。

十六年（1537 年）增修内阁公署。新建养心殿竣工。

三十六年（1557 年）四月外朝奉天、华盖、谨身三殿，文楼、武楼两楼，奉天、左顺、右顺、午门等 15 门全部毁于火。同年 10 月兴工重建。

三十七年（1558 年）六月，午门、奉天门及周围庑房、门等竣工。奉天门更名大朝门。

四十一年（1562 年）秋九月壬午，三大殿及周围建筑工竣，嘉靖皇帝下旨更改殿名。改奉天殿曰皇极殿，华盖殿曰中极殿，谨身殿曰建极殿，文楼曰文昭阁，武楼曰武成阁，奉天门曰皇极门，东角门曰弘政门，西角门曰宣治门，左顺门曰会极门，右顺门曰归极门。

万历十一年（1583 年）修武英殿，同年工竣。修宫后苑，建堆秀山、御景亭、东西鱼池、浮碧亭、澄瑞亭及清望阁、金香亭、玉翠亭、乐志斋、曲流馆。

二十四年（1596 年）乾清宫、坤宁宫被焚，二十五年重建，二十六年竣工。

二十五年（1597 年）六月，三大殿火灾，火起归极门，周围廊门庑房尽焚。

四十三年（1615 年）重建三大殿。

天启七年（1627 年）重建三大殿及门庑等工程陆续开始，陆续建成，七年全部完工。

清顺治元年（1644 年）重修乾清宫。

二年（1645 年）改紫禁城外朝三大殿及各门楼额名。皇极殿改称太和殿、中极殿改称中和殿、建极殿改称保和殿，皇极门改称太和门、会极门改名协和门，归极门改名雍和门，文昭阁改称体仁阁，武成阁改称弘义阁。

三年（1645 年）重修三大殿。

八年（1651 年）重修午门。

十年（1653 年）重修慈宁宫为皇太后宫。

十二年（1655 年）重修内廷乾清宫、交泰殿、坤宁宫，东六宫之景仁宫、承乾宫、钟粹宫；西六宫之永寿宫、翊坤宫、储秀宫。

十四年（1657 年）重修奉先殿。

康熙八年（1669 年）重修太和殿、乾清宫。

十八年（1679 年）建毓庆宫，供太子居住。太和殿灾。

二十二年（1683 年）依旧制重建文华殿。二十五年（1686 年）二月完工。

二十四年（1685 年）于文华殿东建传心殿。

二十五年（1686 年）重修内廷东六宫之延禧宫、永和宫、景阳宫，西六宫之启祥宫、长春宫、咸福宫。

三十四年（1695 年）重建太和殿开工。

三十六年（1697 年）重建太和殿完工。

雍正四年（1726 年）添建城隍庙，位于紫禁城内西北隅。

八年（1730 年）建箭亭于景运门外。

九年（1731 年）建斋宫。改建御花园澄瑞亭，设斗坛。

十三年（1735 年）于慈宁宫西侧添建寿康宫。

乾隆元年（1736 年）寿康宫工程完工，皇太后入住。改乾西二所为重华宫，雍和门更名熙和门。

七年（1736 年）拆乾西五所之第四、五所，建建福宫花园，渐次完成。

十一年（1746 年）改撷芳殿为三所，十二年建成，供皇子居住。

十二年(1747 年)乾清门外内左门、内右门东西各建南向值庐 12 间，东为九卿值舍，西为军机处值房。

十三年（1748 年）建御茶膳房于箭亭东侧。

十五年（1750 年）建雨花阁。

十六年（1751 年）为皇太后庆寿，修葺咸安宫，并改名寿安宫，搭建戏台一座。

二十二年（1757 年）修紫禁城护城河泊岸及东西北三面围房共 732 间。

二十三年（1758 年）太和殿院库房失火，延烧贞度门、西南崇楼、西南围房及熙和门等房屋 42 间，同年重修并竣工。

二十五年（1760 年）雨花阁两边添建东西配楼各一座。

二十六年(1761 年)保和殿后上、中、下三层御路石起垫铺砌，花纹重雕阳纹立龙流云番草海水江崖。

二十八年（1764 年）乾清门前檐起至大清门外甬路海墁止，拆修砖石工程，午门至天安门内御路中心石改墁青砂石，天安门至大清门改墁豆渣石，换下白石用做三台栏板。三十年完工，用银 32 万余两。

三十年（1765 年）慈宁宫花园添建慈荫楼、吉云楼、宝相楼。

三十二年（1767 年）慈宁宫改建为重檐大殿。

三十六年（1771 年）改建宁寿宫，作为太上皇宫殿。

三十九年诏建文渊阁，四十一年（1776 年）建成，专贮《四库全书》。

四十一年（1776 年）宁寿宫一区改建竣工。

四十八年（1783 年）六月，体仁阁毁于火，当年重建。

嘉庆二年（1797 年）乾清宫火灾，延烧交泰殿、弘德殿、昭仁殿，同年改建，三年（1798 年）竣工。

道光二十五年（1845 年）东六宫中的延禧宫毁于火，共烧房间 25 间，未再建。

咸丰八年（1858 年）二月十七日，千秋亭及九间房毁于火。三月五日，景运门内五间房及井亭毁于火。

九年（1860 年）拆西六宫中的长春门，连通长春宫、启祥宫。五月，重建景运门内五间房及井亭。

同治八年（1870 年）武英殿火灾延烧房屋三十余间，当年重建。

十一年（1872 年）重建千秋亭。

光绪十年（1884 年）重修储秀宫，拆除储秀门，连通储秀宫、翊坤宫院。

十四年（1888 年）贞度门火灾，延烧太和门、昭德门，十五年（1889 年）重建。

二十七年（1901 年）武英殿火灾。

二十九年（1903 年）重建武英殿。

三十三年（1907 年）重建武英殿完工。

宣统元年（1909 年）在延禧宫遗址上建灵沼轩，宣统三年尚未完成。后因国库空虚停建。

民国三年（1914 年）建宝蕴楼

十二年（1923 年）建福宫花园毁于火，延烧中正殿、香云亭、淡远楼。

参考书目

《十三经注疏》，中华书局影印，1979 年；

宋聂宗义集注：《三礼图》，上海同文书局石印本；

明肖洵：《故宫遗录》，北京出版社，1963 年印本；

《明实录》，上海古籍书店影印，1983～1984 年；

明刘若愚撰：《酌中志》，中华书局，1985 年；

明李东阳等敕撰：《大明会典》，江苏广陵古籍刻印社，1989 年；

清张廷玉等撰：《明史》，中华书局，1974 年；

清谷应泰撰：《明史纪事本末》，上海古籍出版社，1994 年；

《清实录》，中华书局影印，1986 年；

清昆冈等编：《大清会典》，光绪二十五年（1899 年）石印本；

清昆冈等编：《大清会典事例》，光绪二十五年（1899 年）石印本；

清顾炎武编：《历代宅京记》，中华书局，1982 年；

清于敏中等编纂：《日下旧闻考》，北京古籍出版社，1981 年；

清鄂尔泰、张廷玉编纂：《国朝宫史》上下册，北京古籍出版社，1987 年；

清庆桂等编纂：《国朝宫史续编》，北京古籍出版社，1994 年；

清吴振棫著：《养吉斋丛录》，北京古籍出版社，1983 年；

章乃炜编：《清宫述闻》初、续编，北京紫禁城出版社，1990 年；

清孙承泽：《春明梦余录》，北京古籍出版社，1992 年；

清王先谦：《东华录》（天命至同治），光绪十年长沙王氏刊本；

清翁同龢：《翁文恭日记》，上海涵芬楼影印本，1925 年；

赵尔巽等撰：《清史稿》，中华书局，1977 年；

朱契撰：《明清两代宫苑建置沿革图考》，商务印书馆（上海），1947 年；

爱新觉罗·溥仪：《我的前半生》，群众出版社，1964 年；

于倬云主编：《紫禁城宫殿》，商务印书馆（香港）有限公司出版，1982 年；

万依、王树卿、陆燕贞主编：《清代宫廷生活》，商务印书馆（香港）有限公司，1986 年；

李国豪主编：《建苑拾英——中国古代土木建筑科技史料选编》，同济大学出版社，1990 年；

万依、王树卿、刘潞：《清代宫廷史》，辽宁人民出版社，1990 年；

单士元：《故宫札记》，紫禁城出版社，1990 年；

万依、杨辛著：《故宫——东方建筑的瑰宝》，北京大学出版社，1991 年；

潘洪纲：《明清宫廷疑案》，社会科学出版社，1992 年；

王树卿主编：《清代宫史丛谈》，紫禁城出版社，1996 年；

清代宫史研究会：《清代宫史求实》，紫禁城出版社，1992 年；

于倬云主编：《中国民族建筑·北京篇》，江苏科技出版社，1999 年；

于倬云、周苏琴著《中国宫殿建筑艺术全集·宫殿建筑（一）北京》，中国建筑工业出版社，2003 年；

金易、沈义羚：《宫女谈往录》，紫禁城出版社，2004 年；

故宫博物院：《北京志·世界文化遗产卷·故宫志》，北京出版社，2005 年；

第一历史档案馆、故宫博物院图书馆藏：清宫旧藏档案《奏销档》《陈设档》《活计档》。

蒋博光：《明代建筑紫禁城西北角楼的复原》，《故宫博物院院刊》1958 年 1 期；

于倬云：《故宫太和殿》，《文物》1959 年 11 期；

于倬云：《故宫三大殿》，《故宫博物院院刊》1960 年总第 2 期；

商鸿逵：《嘉靖宫变述略》，《故宫博物院院刊》1980 年 4 期；

于倬云、傅连兴：《乾隆花园的造园艺术》，《故宫博物院院刊》1980 年 3 期；

傅同钦：《魏忠贤乱政和客氏》，《故宫博物院院刊》1981 年 3 期；

王璞子：《清工部颁布的"工程做法"》，《故宫博物院院刊》1983 年 1 期；

胡建中：《出入皇宫通行证——腰牌》，《紫禁城》1983 年 5 期；

胡建中：《顺治铁牌》，《紫禁城》1984 年 1 期；

许埜屏：《慈宁花园与乾隆花园的林木》，《紫禁城》1984 年 4 期；

无园：《壬寅宫变的地点、起因及事后》，《北京史苑》3 辑，1985 年 11 月；

单士元：《故宫南三所考》，《故宫博物院院刊》1988 年 3 期；

王璞子：《清初太和殿重建工程》，《科技史论文集》第二辑，1988 年；

杨业进：《明代经筵制度与内阁》，《故宫博物院院刊》1990 年 2 期；

于倬云：《紫禁城始建经略与明代建筑考》，《故宫博物院院刊》1990 年 3 期；

万依：《论朱棣营建北京宫殿、迁都的主要动机及后果》，《故宫博物院院刊》1990 年 3 期；

杨珍：《康熙晚年的秘密建储计划》，《故宫博物院院刊》1991 年 1 期；

刘潞：《论后金与清初四帝婚姻的政治特点》，《故宫博物院院刊》1991 年 4 期；

侯仁之：《紫禁城在规划设计上的继承与发展》，《禁城营缮纪》论文集，紫禁城出版社，1992 年；

李艳琴：《寿安宫建筑沿革考》，《禁城营缮纪》论文集，紫禁城出版社，1992 年；

周苏琴：《建福宫及其花园始建年代考》，《禁城营缮纪》论文集，紫禁城出版社，1992 年；

周苏琴：《体元殿、长春宫、启祥宫改建及其影响》，《清代宫史求实》论文集，紫禁城出版社，1992 年；

于倬云：《故宫三大殿形制探源》，《故宫博物院院刊》1993 年 3 期；

朱诚如：《清康雍朝宫廷内部矛盾与皇嗣制度改革》，《故宫博物院院刊》1999 年 3 期；

刘潞：《论清代先蚕礼》，《故宫博物院院刊》1995 年 1 期；

王其亨：《紫禁城风水形势简析》，《紫禁城建筑研究与保护》论文集，紫禁城出版社，1995 年；

茹竞华：《紫禁城总体规划研究》，《紫禁城建筑研究与保护》论文集，紫禁城出版社，1995 年；

周苏琴：《关于故宫古建筑保护与利用实践的辨析》，《紫禁城建筑研究与保护》论文集，紫禁城出版社，1995 年；

周苏琴：《试析紫禁城东西六宫的平面布局》，《紫禁城建筑研究与保护》论文集，紫禁城出版社，1995 年；

石志敏、陈英华：《紫禁城护城河及围房沿革考》，《紫禁城建筑研究与保护》论文集，紫禁城出版社，1995 年；

刘潞：《坤宁宫为清帝洞房原因论》，《故宫博物院院刊》1996 年 3 期；

蒋博光：《紫禁城排水与北京城沟渠述略》，《中国紫禁城学会论文集》（第一辑），紫禁城出版社，1997 年；

潘谷西、陈薇：《明代南京宫殿与北京宫殿的形制关系》，《中国紫禁城学会论文集》（第一辑），紫禁城出版社，1997 年；

楼庆西：《紫禁城建筑的色彩学》，《中国紫禁城学会论文集》（第一辑），紫禁城出版社，1997 年；

许埜屏：《宁寿宫花园的树林配植》，《中国紫禁城学会论文集》（第一辑），紫禁城出版社，1997 年；

刘潞：《清代宫中书房》，《故宫博物院院刊》1999 年 3 期；

朱诚如：《乾隆建储与训政述评》，《故宫博物院院刊》2000 年 4 期。

周苏琴：《宁寿宫花园中轴线移位辨析》，《中国紫禁城学会文集》（第四辑），紫禁城出版社，2002 年；

周苏琴：《"大雅斋"考》，第六届清代宫史研讨会论文，2006 年。

故宫博物院网站：www.dpm.org.cn

图版目录

后　记

自 1976 年来到故宫博物院工作，转眼已有 30 余年了。从走进紫禁城的第一天起，接触到的就是古老而辉煌的皇家建筑，久而久之，对她有了一些了解，一些认识，知道了一些只有走进来了才会知道的故事。这就是历史吧。既然知道了，就放不下了，总觉得应该写点什么。直到《故宫志》编写完成，有了志书的基础，又有故宫出版社之约，提笔写完了这本介绍紫禁城的书。

故宫作为明清两代的皇宫，中国宫殿建筑集大成者，具有丰富的文化内涵。本书仅从建筑与使用的角度加以介绍。建筑离不开使用，在这座宫殿建筑中发生过许许多多的故事，建筑随着这些故事而发生着变化，这些变化就记录在了建筑之中。这些记录值得后人去研究，去认识，去揭示，但这非一人之力所能，因此本书又不可能涵盖建筑使用变化的全部内容，只是将粗浅的认识和研究成果编写成文，以飨读者。

本书所用照片，多为故宫博物院摄影师胡锤、刘志岗先生于上世纪 80 ～ 90 年代精心拍摄，反应出了中国古建筑的大气和精美，保留有故宫建筑中更多的原貌，其中尤以室内陈设原状的图片更为珍贵。借图片之优势，仿佛身临其境，带你领略紫禁城的宏大气势和建筑的壮丽辉煌。

本书编写过程中，承蒙故宫出版社的大力支持，陈连营先生的协力编辑，同事们的帮助，郭雅玲、张秀芬、崔瑾、张杰为此书选配照片、绘制线图，石志敏先生的强力配合，本书方得以顺利出版，在此谨致以诚挚的谢意。

此次新版，文中略有增加，如文华殿、武英殿等处。对于有误之处亦进行了修改。

周苏琴

2013 年 7 月

图书在版编目（CIP）数据

建筑紫禁城／周苏琴著. — 北京：故宫出版社，
2014.4

ISBN 978-7-5134-0478-5

Ⅰ.① 建… Ⅱ.① 周… Ⅲ.① 故宫—建筑艺术—
研究—北京市 Ⅳ.① TU-092.48

中国版本图书馆 CIP 数据核字（2013）第 223899 号

建筑紫禁城

著 者：周苏琴

责任编辑：江 英 徐 海

装帧设计：王 梓 廖晓婧

出版发行：故宫出版社

        地址：北京市东城区景山前街4号 邮编：100009
        电话：010-85007808 010-85007816 传真：010-65129479
        网址：www.culturefc.cn 邮箱：ggcb@culturefc.cn

印 刷：北京旺都印务有限公司

开 本：787毫米×1092毫米 1/16

印 张：12.75

字 数：150千字

版 次：2014年4月第1版
      2014年4月第1次印刷

印 数：1～5,000册

书 号：ISBN 978-7-5134-0478-5

定 价：42.00元